黄河上游典型区多尺度生态网络构建与优化

马彩虹　荣月静　文　琦　著

国家自然科学基金项目(41961034)
宁夏重点研发计划项目(2021BEG03019)　　资助出版
宁夏自然科学基金重点项目(2020AAC02008)

科学出版社

北　京

内 容 简 介

生态网络具有减缓生境破碎化的负面影响、促进基因交流和物种迁移的重要功能，是促进生物多样性保护的一种工具或框架，也是治理国土空间和维护区域生态安全的重要途径。黄河上游地区生态环境脆弱，重要生态节点的破坏极易引发生态网络的级联失效，从而导致区域生态安全风险。本书以全境位于黄河流域的省级行政区——宁夏回族自治区为典型区，探索不同尺度下生态网络的构建与优化问题，以此引导形成面向区域健康、稳定、高效与可持续的多层次生态网络空间体系，为保障西北地区生态安全、推动黄河流域生态保护和高质量发展提供科学依据。

本书可供地理学、生态学、风景园林、国土空间规划等领域研究人员和高校师生阅读参考。

审图号：宁 S[2024]第 017 号

图书在版编目（CIP）数据

黄河上游典型区多尺度生态网络构建与优化 / 马彩虹，荣月静，文琦著. —北京：科学出版社，2024.6
ISBN 978-7-03-078631-9

Ⅰ. ①黄⋯ Ⅱ. ①马⋯ ②荣⋯ ③文⋯ Ⅲ. ①黄河中、上游-生态系-研究 Ⅳ. ①X321.24

中国国家版本馆 CIP 数据核字（2024）第 109587 号

责任编辑：祝　洁　汤宇晨 / 责任校对：崔向琳
责任印制：徐晓晨 / 封面设计：陈　敬

科 学 出 版 社 出版
北京东黄城根北街 16 号
邮政编码：100717
http://www.sciencep.com
北京建宏印刷有限公司印刷
科学出版社发行　各地新华书店经销
*
2024 年 6 月第　一　版　开本：720×1000　1/16
2024 年 6 月第一次印刷　印张：14 1/2　插页：2
字数：295 000
定价：198.00 元
（如有印装质量问题，我社负责调换）

序

人类活动导致的生境破碎化是生物多样性的主要威胁之一，迫切需要采取保护和修复措施以提高景观连通性、降低物种灭绝率并维持生态系统服务。基于景观生态学理论的生态网络承载了生态文明思想，对于促进区域生态系统的物质循环、能量交换、信息传递具有重要作用。生态网络构建，通过将点状、面状的破碎生境进行有效的功能连接，形成完整、连续的景观和生物栖息地网络结构，被认为是解决生境斑块破碎化的有效办法。同时，生态网络对城乡生态系统的保护与可持续管理具有重要的意义。如何构建科学合理的生态网络，已成为地理学、生态学、土地科学等学科的研究热点。

宁夏回族自治区位于我国西北内陆、黄河冲积平原与黄土高原的过渡带，在黄河流域九个省级行政区中唯一全境属于黄河流域，北部被腾格里沙漠、乌兰布和沙漠及毛乌素沙地环绕，南部山区黄土丘陵沟壑纵横。黄河从区内穿境而过，是黄土高原西部沟壑区进入河套平原的关键河段，是我国生态安全格局中北方防沙带和黄土高原—川滇生态屏障带的重要组成部分，在保障河套平原粮食生产和水资源安全、维护黄河水生态健康、巩固我国北方生态屏障方面担负着重要的使命。地处过渡地带的区位特征，使得宁夏的生态系统类型多样，在黄河流域特别是黄河上游地区具有典型性与特殊性。整体来看，宁夏的生态建设对于维护我国西北地区生态安全、落实黄河流域生态保护和高质量发展国家战略十分重要和迫切。

该书的主要贡献包括：①系统梳理生态网络构建的理论基础；②优化生态网络基本要素识别及网络构建方法；③开展黄河上游典型区不同尺度的生态网络安全格局探索，并提出以大尺度生态安全格局为骨架，在小尺度落实调整实践方案与修复策略，从而优化生态网络的层级嵌套结构，实现景观格局-过程-功能有机耦合的方法与路径。

该书的特色主要为体现了生态网络构建与优化的尺度效应问题。在宁夏全域尺度生态网络构建中，重点探索区域生态源地的组团结构、河流生态廊道和草地生态廊道对生态网络格局的不同价值；在中卫市生态网络构建中，重点探索不同景观类型选择对生态源地识别结果的影响；在灵武市生态网络分析中，重点探索生态网络与社会经济网络"双网"之间的相互关系；在银川市中心城区的生态网络研究中，重点探索蓝色生态源地和绿色生态源地的组合价值；在银川平原河湖湿地生态网络研究中，重点探索绿洲平原河湖生态系统网络连通性问题。

　　期待该书的出版能够进一步推动干旱区生态系统格局的空间整体性和内部关联性研究，探索国土空间开发和格局的优化方法与路径，为全面保障西北地区生态安全、推动黄河流域生态保护和高质量发展提供科学参考。

彭　建

北京大学城市与环境学院

2023 年 12 月

前　言

　　人类活动导致全球范围内栖息地和自然生态系统损失和破碎化，扰乱了生态流动、物种迁移和种群之间的基因交换。自然保护者努力维持和恢复核心栖息地、高自然度土地和自然保护地的连通性。生态网络在理念上承载了生态文明的思想，在区域生态系统的物质循环、能量交换、信息传递等方面具有重要作用，是维护区域生态过程完整的重要途径，也是生态空间规划与管控的有效手段。

　　中国式现代化是人与自然和谐共生的现代化。目前，我国的生态网络建设仍然缺乏系统性，建设力度不足，尚未形成有效的空间网络体系，与国土空间规划建设的结合仍然偏弱。开展生态网络研究并将其落实到国土空间规划实践中去，是新时代我国生态文明建设的现实要求。

　　黄河流域是我国重要的生态屏障和经济地带，黄河流域生态保护和高质量发展是重大国家战略。此外，也是新时代深入推进生态文明建设、培育经济高质量发展的新动能，是完善我国区域协调发展战略的又一重大布局，具有深远的战略意义。宁夏是唯一全境属于黄河流域的省级行政区，大部分地域属于黄河上游地区，是我国"两屏三带"生态屏障北方防沙带的主要功能区、黄河上游地区防风固沙建设的关键位置、全国荒漠化监测和防治的前沿地带，承担着维护西北乃至全国生态安全的重要使命。宁夏一直是我国生态保护与修复的前沿阵地，在治沙、植被恢复、水土保持等方面做出了长期艰苦的努力，取得了显著成效。由于社会经济发展与自然环境变化，区域生态系统仍然存在诸多生态环境问题与威胁，亟待开展进一步相关研究。

　　本书以地理学、景观生态学等多学科理论为基础，整体分析宁夏土地利用/覆被变化，评估生态服务功能，识别发挥重要生态服务功能的生态源地，通过网络结构分析方法，以生态系统服务高效发挥为指向，确认生态网络结构与形态，以此引导形成面向区域健康、稳定、高效与可持续的多层次生态网络空间体系，增强生态系统格局的空间整体性和内部关联性，以期为国土空间优化、生物多样性保护等提供一定的决策参考，从而助力黄河流域生态保护和高质量发展先行区建设。

　　本书由国家自然科学基金项目(41961034)、宁夏重点研发计划项目(2021BEG03019)、宁夏自然科学基金重点项目(2020AAC02008)资助出版。全书由马彩虹教授(宁夏大学)、荣月静博士(中国科学院生态环境研究中心)、文琦教授(宁夏大学)

共同撰写,马彩虹负责统稿与修订。本书撰写分工如下:第 1 章,马彩虹、文琦;第 2 章,荣月静、马彩虹;第 3~4 章,马彩虹;第 5~9 章,马彩虹、荣月静;第 10 章,文琦;地图技术审查,蒋巍、张淑霞、马国童、王丹。刘园园、滑雨琪、李聪慧、杨航、安斯文、袁倩颖等研究生,杨奇、马小莹、史明宽、杨中华、赵红红等本科生在数据采集与图件制作等方面做了重要工作。

教育部长江学者特聘教授、北京大学城市与环境学院彭建教授对书稿提出了宝贵的修改建议,并于百忙中为本书作序,在此表示诚挚的感谢!

受作者水平所限,书中疏漏之处在所难免,敬请广大读者批评指正。

作　者

2023 年 12 月

目　　录

第1章 绪 论

1.1 背景与意义

1.1.1 研究背景

1. 国际生态环境保护方式的重大转向

工业革命以来,随着人类活动的增强,景观破碎化和人为干扰生态系统现象日益严重。农业扩张、土地利用重组、大型交通网络和大都会区的建立造成了自然景观的严重破碎化、生态系统功能退化、栖息地丧失及物种灭绝。这些被割裂的自然景观残余斑块形成一个个"孤岛",导致许多生物物种逐渐消失。物种的存活依赖栖息地的质量、食物的可获得性及在景观中迁移的能力。生物觅食、休憩、定期迁移繁殖、躲避不利环境、扩散等都需要连续的栖息地来提供移动的路径,生境破碎化与岛屿化阻断了生物迁徙廊道,给区域生态安全带来极大风险[1]。人们怀着保护自然的意愿建立了大量的自然保育区域,这在生物多样性保护方面起到了重要作用,特别是保护区面积较大时(如俄罗斯境内的大面积保护区),基于保护区的自然保护易于成功,但即使如此,大型食肉动物也面临着危险的境遇[2]。

景观连接成为生态网络(ecological network,EN)的重要组成部分,自然保护学者及管理者逐渐将重点从保护现有"孤岛"转向保护和恢复"孤岛"之间起连接作用的自然斑块。针对保护区外围区域采取的一系列管理措施显示,在传统的管理工作之外,外围区域的保护功能需要加以推广。根据这一发展趋势,一些新理论强调了两个转变的重要性,即从隔离到连接、从中心到外围的转变。以前的关注点主要集中在自然资源极为丰富的地区,如自然保护区或国家公园,生物多样性的保护逐渐转向连接系统,这些系统将不同的自然地区或者自然和人类环境连接到一起。生态网络以景观生态学等理论为基础,强调保护、恢复和发展景观中的生态连通性,加强各个栖息地斑块之间的结构和功能连接,其基本结构主要包括核心区、廊道、缓冲区及恢复区。20世纪80年代以来,生态网络在欧洲与北美洲的开放空间规划及国土规划中得到广泛认可。1987年,美国户外游憩总统委员会将绿道作为一种新型工具,该工具在人们住所附近提供了可进入的开场性空间,将美国景观中的城市与郊区连接起来。1993 年,国际会议"保护欧洲自然遗产:建立欧洲生态网络"在马斯特里赫特拉开了帷幕。格雷厄姆·贝内特认为很有必要建立一种运行框架,指导欧洲自然保护战略的实施工作,生态网络正是建立这一框架的重要工具。

21 世纪以来,欧洲发展形成了包括"自然 2000"(Natura 2000)网络、绿宝石网络(Emerald Network)和泛欧洲生态网络(Pan-European Ecological Network)在内的多种关于生态网络的自然保护规划,国际到国家、区域、城市等各个层次的生态网络规划都在广泛开展。2010 年,《生物多样性保护公约》(Convention on Biological Diversity,CBD)缔约国共同制订的"爱知目标"中明确指出了自然保护地连通性的重要性,其中目标 11 要求,到 2020 年全球陆域面积的 17%和海域面积的 10%应以某种形式纳入保护范围,并明确提出了自然保护地应形成"连通性良好的体系"(well connected systems)。2020 年 7 月 7 日,世界自然保护联盟世界保护区委员会的连通性保护专家组(IUCN WCPA Connectivity Conservation Specialist Group)发布了史上首部生态连通性保护全球指南——《通过生态网络和生态廊道保护连通性的指南》,将生态廊道作为自然保护的一个支持要素。保护区、经合组织和生态走廊共同构成了保护的生态网络,保护区和其他有效的区域保护措施是自然保护的基础,即使在支离破碎的陆地、海洋或淡水地区也是如此。现在的理解是,还必须采取积极措施,以维持、加强或恢复保护区与海洋生态措施之间的生态联系。科学已经证明,为了实现长期的生物多样性成果,在气候变化时期保持生态连接至关重要①。该报告旨在促进最佳实践,以保护受保护和保育地区的连通,并恢复退化或零散的生态系统,对确保生态系统良好连通的主要工具也提出了见解。《通过生态网络和生态廊道保护连通性的指南》是 IUCN 20 多年工作的成果,描述和示范了创新工具,以支持在对抗碎片化、阻止生物多样性丧失和更好地适应气候变化方面采取更一致的保护措施。

2. 新时代中国生态文明建设的现实要求

在快速城市化背景下,人类对自然资源的消耗和对生态环境的破坏严重,生态用地空间被不断压缩,化解经济发展与生态保护的冲突是新时期生态文明建设亟待研究解决的重要任务。党的十八大以来,生态文明建设成为统筹推进"五位一体"总体布局的重要内容。不断深化生态文明建设理论与实践创新,持续推进重点生态工程建设和突出环境问题治理,有效促进了我国生态环境质量持续好转。

---

① https://portals.iucn.org/library/sites/library/files/documents/PAG-030-En.pdf

党的十九大报告[①]明确提出要"建立以国家公园为主体的自然保护地体系","实施重要生态系统保护和修复重大工程,优化生态安全屏障体系,构建生态廊道和生物多样性保护网络,提升生态系统质量和稳定性"。

2020 年 6 月,国家发展和改革委员会、自然资源部正式印发《全国重要生态系统保护和修复重大工程总体规划(2021—2035 年)》[②],以"两屏三带"及大江大河重要水系为骨架的国家生态安全战略格局为基础,突出对国家重大战略的生态支撑,统筹考虑生态系统的完整性、地理单元的连续性和经济社会发展的可持续性。2021 年 3 月发布的《中华人民共和国国民经济和社会发展第十四个五年规划和 2035 年远景目标纲要》[③]中,要求实施生物多样性保护重大工程,构筑生物多样性保护网络,加强国家重点保护和珍稀濒危野生动植物及其栖息地的保护修复,加强外来物种管控。2021 年 10 月,中共中央办公厅、国务院办公厅印发《关于进一步加强生物多样性保护的意见》[④],进一步指出"因地制宜科学构建促进物种迁徙和基因交流的生态廊道,着力解决自然景观破碎化、保护区域孤岛化、生态连通性降低等突出问题"。党的二十大报告[⑤]提出,"以国家重点生态功能区、生态保护红线、自然保护地等为重点,加快实施重要生态系统保护和修复重大工程。推进以国家公园为主体的自然保护地体系建设。实施生物多样性保护重大工程"。综上,开展生态网络研究并将其落实到国土空间规划实践中去,是时代中国生态文明建设的现实要求。

3. 黄河流域生态保护和高质量发展的需求

流域是人类文明的摇篮和中心,是人与自然和谐共生的主要自然空间。黄河流域是我国重要的生态屏障和重要的经济地带。黄河流域生态脆弱区分布广、类型多,上游的高原冰川和草原草甸、三江源、祁连山,中游的黄土高原,下游的黄河三角洲等,都极易发生退化,恢复难度极大且过程缓慢。保护黄河是事关中华民族伟大复兴和永续发展的千秋大计。黄河流域生态保护和高质量发展是重大国家战略。这是新时代深入推进生态文明建设、培育经济高质量发展的新动能,是完善我国区域协调发展战略的又一重大布局,具有深远的战略意义。《黄河流域生态保护和高质量发展规划纲要》[⑥]明确要求,"充分发挥黄河流域兼有青藏高

[①] https://www.gov.cn/zhuanti/2017-10/27/content_5234876.htm

[②] http://www.gov.cn/zhengce/zhengceku/2020-06/12/content_5518982.htm

[③] https://www.gov.cn/xinwen/2021-03/13/content_5592681.htm

[④] http://www.gov.cn/zhengce/2021-10/19/content_5643674.htm

[⑤] http://www.gov.cn/xinwen/2022-10/25/content_5721685.htm

[⑥] https://www.gov.cn/gongbao/content/2021/content_5647346.htm?eqid=e61efb790007a3050000000364564707&wd=&eqid=d87bc58a0000e99600000002648bada2

原、黄土高原、北方防沙带、黄河口海岸带等生态屏障的综合优势,以促进黄河生态系统良性永续循环、增强生态屏障质量效能为出发点,遵循自然生态原理,运用系统工程方法,综合提升上游'中华水塔'水源涵养能力、中游水土保持水平和下游湿地等生态系统稳定性,加快构建坚实稳固、支撑有力的国家生态安全屏障,为欠发达和生态脆弱地区生态文明建设提供示范"。

黄河上游风沙区宁夏段作为我国重要的生态安全屏障,承担着保护黄河上游水生态安全、筑牢我国北方防沙带和维护西北地区乃至全国生态安全的重要使命。习近平总书记指出,宁夏要"努力建设黄河流域生态保护和高质量发展先行区"①。这有利于该区域加强生态环境保护和绿色转型,以高水平保护促进高质量发展。《宁夏回族自治区国民经济和社会发展第十四个五年规划和 2035 年远景目标纲要》②明确提出,"生态环境总体脆弱、资源环境约束趋紧,主要依靠资源要素投入的发展方式不可持续,面临着保护生态与追赶发展的双重压力",并提出"宁夏在全国的生态节点、生态屏障、生态通道的重要作用进一步凸显"的发展目标。

1.1.2　研究意义

近年来,由于景观的破碎化和人为干扰现象严重,生态网络逐渐成为景观生态学、地理学、城市规划学等学科的研究热点[3]。生态网络构建是我国目前构建生态安全格局的主要方法,将生态源地、廊道与节点作为点、线、面进行生态网络规划,从而构建稳定的、具有生态保护作用的空间格局。

1) 理论意义

生物多样性关乎人类福祉,是人类赖以生存和发展的重要基础。生物多样性保护与管理有两大重要原因:其一是确保所有物种的生存甚至发展,需要设计一些特殊的场所使受威胁的物种得以繁衍生长,这是自然资源保护的传统目标;其二是保护生态系统服务,生态系统服务源于生物多样性(如植物授粉,害虫控制,水土流失和水流量、水质量等的控制)。提升生态系统多样性、稳定性、持续性是建设人与自然和谐共生现代化的扩绿增绿之路。生态网络具有减缓生境破碎化负面影响、促进基因交流和物种迁移的重要功能,建设生态网络是减少生境破碎化导致生物多样性降低的有效办法[4-7]。

2) 实践价值

生态网络作为生态源地、廊道与节点的综合载体,是生态空间的核心部分,是维护区域生态过程完整的重要手段,也是生态空间规划与管控的有效手段,

---

① http://cpc.people.com.cn/n1/2023/0204/c64387-32617537.html
② https://www.nx.gov.cn/zwgk/qzfwj/202103/t20210309_2620843.html

对于区域生态安全建设具有重要的实践价值[8-9]。傅伯杰院士指出，"十四五"期间，我国生态安全战略格局应从"大写意"向"工笔画"迈进，应该建设几条连接生态屏障和生态带的南北廊道，形成"屏障-带-廊道"网络化的国家生态安全格局[10]。宁夏大部分区域位于黄河上游地区，是我国"两屏三带"生态屏障北方防沙带的主要功能区、黄河上游地区防风固沙建设的关键位置、全国荒漠化监测和防治的前沿地带，承担着维护西北乃至全国生态安全的重要使命。开展宁夏生态网络研究，对于促进黄河流域生态保护和高质量发展先行区建设具有重要现实意义。

1.2 发 展 历 程

1.2.1 萌芽阶段

19 世纪中期到末期，产生了以屏障和隔离为主要目的的"城市绿带"，对郊野而言，是国家公园和自然保护区形式的生态保护。欧洲原有的林荫大道、绿道等是为了美化城市、为机动车提供方便而设计的，并未考虑生态功能。几个世纪以来，技术水平的进步一直影响着土地利用方式的变革与发展，工业革命打破了欧洲一直稳定沿袭的景观格局，欧洲自然保护和生态网络的发展也由此开始。19世纪下半叶开始，自然景观开始成为城市规划的内容，如巴黎香榭丽大道这一类林荫大道成为城市的主轴线。英国生物学家福布斯(Forbes)在 1887 年就提出有关生态网络的相关概念：同一有机复合系统中的动植物等生物因子互连共存，这些组成者之间彼此相互作用，共同影响又维持着这个复杂体系的运行。将其应用到规划中，可追溯到霍华德(Howard)的田园城市。1898 年，霍华德在《明日的田园城市》中主张围绕旧城区修建一个 8km 长的公园带，以控制伦敦和英格兰的城市化地区无计划扩张。荷兰在此期间也积极推进城市公园的建设，1901 年，荷兰《住宅法》允许市镇当局划定区域作为开放空间为公众所用。在现代景观意义上，绿道设计实践始于 19 世纪下半叶，美国纽约和波士顿在快速城市扩张中形成线性城市绿带系统。在波士顿的公园体系规划中，被誉为"美国景观设计之父"的奥姆斯特德(Olmsted)利用净化和活化城市河道的机会，规划了一条连通城市中心、社区、公园和生态保护地的链状开放空间，形成了被誉为"翡翠项链"(Emerald Necklace)的长达 52km 的大型绿道，成为绿道系统的经典范本。保护地模式对保护生物多样性至关重要。19 世纪末，建立国家公园和自然保护区等自然保护运动，为保护具有科学、美学或文化价值的自然地奠定了基础。用生态网络的观点来看，国家公园和自然保护区属于生态网络的核心要素——生态源地的保护；绿带则发挥着廊道的屏障作用,用来阻碍城市的蔓延式扩张。

1.2.2 初期阶段

　　20世纪60年代是生态网络研究与实践的初期阶段。这一时期,关于景观对半自然景观和栖息地的保护受到广泛关注,但在保护地系统缺乏连通性的情况下,保护地之间的物种迁移和其他生态流动难度较大,物种被困在保护地之中,从而妨碍了保护地实现长期保护目标。如何改善或维持保护地之间的连通性成为自然保护领域的重要关注点。北欧、西欧相继通过修订现行法律、制订自然保护政策等方式重新展开自然保护行动。1935年,大伦敦区域规划委员会提出大都市的绿化地带方案,以控制城镇蔓延。随后,绿带思想在欧洲、大洋洲、亚洲均出现实践案例,如巴黎、多伦多、柏林、阿德莱德城、新西兰的一些城市、东京、首尔等相继实施了绿带政策[11]。其中,"东京绿地计划"中规划的"绿环"是最早将绿色空间作为一个系统考虑的规划,该规划的目的是抑制未来城市扩张。第二次世界大战后的土地改革和急速的城市化进程,使绿地变得支离破碎并且逐渐消失。大阪在1928年提出的绿地计划也出现了类似的情况和结果。此类绿带规划是日本早期区域规划的重要尝试,但是这些规划大多只注重形态结构,并未将生态系统和生物多样性纳入考虑[12]。第二次世界大战后日本早期的绿地系统规划在城市外围进行了一些有益尝试。20世纪60年代开始的横滨港北新城项目,在东京城郊规划了绿地系统,最大程度地保存原有的自然林地、绿地、寺院庭园、宅前屋后的绿地,以这些绿地为中心与公园、绿道等结合构成有个性、变化丰富的绿色网络,并且通过规划新河系来连接小型绿地,以保留传统的里山生态系统。该项目在保护当地生态网络系统方面是十分先进的,但是由于技术条件限制,生物多样性评估并不充分,而且绿地网络被局限在项目基地范围内。伴随着日本横滨港北新城这样的项目出现,将生态系统融入绿地系统规划的区域性规划在日本渐渐发展起来。

1.2.3 发展阶段

　　20世纪70~90年代是生态网络研究与实践的发展阶段,这一阶段主要特征为"生态网络"与"绿道"体系并行。

　　20世纪80年代,在欧洲的自然资源保护运动下,为了应对保护地的零散和碎片化问题,生态网络应运而生,以维护保护地和更广阔景观中的生态系统和生物多样性,同时为景观和自然资源的可持续利用提供一个框架,该框架就是通过核心区域、生态走廊和缓冲区系统建立的一个生态空间网络体系。生态网络框架符合"通过生态多样性修复达成生物多样性保护"的理论主张。生态网络框架可以积极影响零散的自然区域和人类主导的景观中物种种群生存的条件。此外，它通过自然要素与景观、现有社会/组织结构的相互联系，可实现对自然资源的适当和可持续利用。生态网络最早应用在野生动物保护的廊道规划中，根据生态系统中物质和能量流动的特点，有物种迁徙、生物保护等廊道类型。欧美国家最先产生了对绿地生态环境进行网络状规划的想法，但不同的国家和地区对这一思想的探索认识和目标各有不同，一些东欧国家、荷兰、加拿大和美国制订了自然保护区的网络计划，并开始强调生态互连的作用。生态保护是欧洲生态网络的建设重点，包括恢复河道流域环境保护、保护区域生物多样性、建造野生动物的栖息地等等。英国将生态网络应用到国土规划。1990 年，英国通过连接已有公园和外围绿带，形成了比较完备的网络化公园系统，其中典型的案例是伦敦东部绿网的构建。该实践通过增加绿地与开放空间，将城市中心、工作区、居住地、交通连接起来，形成一个自然、相互联系的绿色公共空间网络，其中英国纽卡斯尔-盖茨赫德绿色基础设施战略规划现已成为英国城市战略规划的典范[13]。

20 世纪中期以来，英国开展以大伦敦规划为代表的大规模绿网建设，其中发展最好的、面积最大的为英格兰地区，以建设最为完善的国际化大都市伦敦和建设成效最为显著的泰恩-威尔郡(Tyne and Wear)最具代表性[14]。荷兰、德国等同样开展大量的生态网络规划实践。荷兰通过建立生态网络，将零散、破碎的自然区域连接起来发挥生态作用[15]。1990 年，荷兰议会批准了《自然政策规划》，将自然和半自然区域与周边农用地通过生态廊道进行有效连接，由此开启了荷兰生态保护网络化管理模式时代。荷兰作为欧盟创始成员国之一，欧盟指令下的国家规划政策为其生态网络建设提供了方向和指导。《自然政策规划》是关于自然保护的长期政策，主要原则是进行可持续保护、恢复和开发自然景观，目的是将核心领域和自然开发区通过生态廊道连接起来，构建一个连贯的自然区域网络。德国也是欧洲绿带倡议的发起者之一，生态网络在德国属于自然保护和空间规划政策领域。《联邦空间规划法》和《联邦自然保护法》构成了德国国土空间资源规划利用和保护的基本法律框架，也是各州立法的框架，各州在此基础上有自己的空间规划法和用于自然保护的法律，负责实际执行生态网络规划。生态网络在德国《联邦自然保护法》中占据突出地位，也是生物多样性战略的关键要素。欧盟指令、泛欧洲及全球层面的政策和文件在德国生态网络规划中起着重要的间接作用，如《栖息地指令》和《鸟类指令》、"生命"(LIFE)和"跨界合作"(INTERREG)等欧洲项目及重要的《欧盟水框架指令》(*EU Water Framework Directive*，WFD)。1988 年，德国颁布了《绿带规划政策导则》(*Plan Policy Guidance 2: Green Belt*，PPG2)，详细规定了绿带的作用、土地使用、边界划分和开发控制要求等内容，为绿带建设提供详细政策指导，该导则在 2012 年被《国家规划政策框架》(*National*

Planning Policy Framework，NPPF)取代。在亚洲，日本是践行生态网络较早的国家之一。1997 年，日本在《河川法》的修订中倡导将生态系统服务功能的概念融入城市规划。与欧洲以生物多样性保护为核心目的的生态网络建设不同，美国主要发展的是"绿道"体系。随着美国城市公园的发展，公园绿地对当时的城市环境污染及热岛效应起到很大缓解作用，但当时的公园绿地只是孤立地存在于城市中，并不能发挥其生态价值。美国学者奥姆斯特德借鉴林荫道、轴线设计思路，对孤立的公园绿地通过带状或线状绿地进行连接，从而形成了良好的景观与生态效果。

　　20 世纪 90 年代，随着地理信息系统(geographic information system，GIS)的普及，更大区域范围内的数据采集变成了可能，涌现了一批具有代表性的绿道实践案例，如佛罗里达州绿道网络、新英格兰绿道远景规划等。随着城市化程度的提高和景观的进一步破碎化，生态学家和城市规划师逐渐意识到孤立地划定自然区域并加以保护是远远不够的，生态基础设施作为自然资源和生物多样性的保护手段，需要更大区域和景观尺度内的研究。1990 年，美国马里兰州启动了一项针对绿道的州域范围内的生态规划项目。近乎同时，佛罗里达州绿道委员会利用 GIS 开发了两个州域范围内的生态网络系统，该系统全面评估了区域土地的生态价值、区域的游憩和文化价值。这一时期，除了上述城市，美国很多城市在中长期规划中明确提出绿道系统发展策略，如印第安纳波利斯市(Indianapolis)、亚特兰大市(Atlanta)和夏洛特市(Charlotte)。其中，北卡罗来纳州夏洛特大都市区及梅克伦堡县(Mecklenburg County)一直致力于多尺度和多层次的绿色生态空间网络[16]，取得了明显成效。

1.2.4　成熟阶段

　　21 世纪初可以看作生态网络趋于成熟的节点，以生态网络、绿道、绿色基础设施三网并行为主要特征，并且在规划上体现出融合的思想。欧洲建立了强调绿色保护的生态网络框架，标志着生态网络规划进入成熟期，生态网络成为生物多样性保护和土地可持续利用规划的惯用方法，并已将其转化为政策，典型的有"自然 2000"(Natura 2000)、欧盟指令 92/43/EEC 和 79/409/EEC、"泛欧洲生物和景观多样性保护战略"(the Pan-European Biological and Landscape Diversity Strategy，1996)和"泛欧洲生态网络发展指引"(General Guidelines for the Development of the Pan-European Ecological Network，2000)等。

　　2002 年，生态网络被纳入德国《联邦自然保护法》，在 2009 年的法律修正案中，第 20 条和第 21 条对生态网络的目标及组成类型等进行了详细说明。生态网络旨在持续保护野生动植物群落，包括其生活场所、群落生境，以及保护、恢复和发展有效的生态互动关系，有加强"自然 2000"网络连通性的目的。法律要求联邦各州协调配合，建立至少覆盖 10%国土面积的生态网络系统。《生物多样性规划》的目的是实现《生物多样性公约》的国际目标、千年发展目标和欧盟承诺 2010 年前停止减少生物多样性等目标，该规划使得荷兰在国际和欧洲舞台上发挥了积极的作用。在德国，道路和铁路建设加剧了生境的破碎化，增加了核心区域和连续廊道形成的难度。《多年度碎片重整规划》旨在修复这种破碎现象，长期碎片重整有助于实现这一目标。《活力乡村议程》将欧洲在自然、环境、水和乡村地区的政策结合起来，指导原则是将农业部门作为重要的指导部门，管理农业景观、土壤、水和自然，确保土地使用者能享受到社会公共服务，由此发挥出乡村的经济活力。荷兰通过执行《生物多样性公约》《湿地公约》等国际公约，欧盟指令和《自然保护法》等法律建立自然保护区，创建生态网络的核心领域，其中非常重要的一部法律是 2017 年 1 月 1 日生效的《自然保护法》，将自然区域、野生动植物作为保护对象，是荷兰生态网络建设的重要法律依据。

2009 年，英国自然环境组织(Natural England)编写了《绿色基础设施导则》(*Green Infrastructure Guidance*，GIG)，该导则为英国绿色基础设施规划提供实践指引。英国绿色基础设施由城市及城市周边区域的绿色开放空间组成，强调绿色开放空间的数量、质量、连接度以及为人们提供的经济和生态效益。英国通过合理的规划、创建、经营、管理，营造了一个介于城乡之间的完整生态网络，成为沟通城市与乡村之间生态系统的桥梁。网络中不同尺度、类型、功能的绿色开放空间及廊道为动植物提供了多样化的栖息地，有效地保护和加强了当地的生物多样性。

随着观测技术和模型的进步及数据的积累，在全球尺度对连通性的比较研究和评估已有科研成果出现。2017 年，Saura 等建立了一套指标来评估截至 2016 年 6 月世界所有陆地保护地网络的连通性，发现保护地已占全球陆地的 14.7%，但是连通性较好的只占 9.3%。2018 年，Saura 等又在先前研究基础上建立了改进版本的评估模型，这一套模型评估更准确和细致，如能辨明保护地的优劣和对范例进行详细分析。2019 年，Saura 等对 2010～2018 年保护地连通性的全球趋势做了评估。这些研究表明，全球尺度的生态网络连通性定点评估、比较评估和趋势评估问题逐渐得到解决。

1.3　规划与实践

在城市及乡村范围内，由绿色空间整合形成的网络系统包含了自然生态空间与人工开放空间，具有保护生态环境、优化生态格局、提升景观品质、开展游憩活动等生态、社会和经济功能。生态网络可以连接孤立的景观斑块，增加物种及能量的连通性，减缓生物多样性的丧失及生态过程的退化[17]，还可有效控制城市蔓延，提高人类对生态服务功能的利用效率，以协调保护与利用的矛盾[18]。国际上早在 19 世纪后半叶就有了关于生态网络规划与实践的案例，而我国对生态网络的研究相对较晚，21 世纪初积极开始了研究与规划实践。

1.3.1　国际案例

1. 波士顿"翡翠项链"与大都会公园系统

19 世纪后半叶，美国抵制工业污染的危害，波士顿公园体系成为这场环境保护运动的有机组成[19]。1867 年，奥姆斯特德完成了著名的波士顿"翡翠项链"(Emerald Necklace)——波士顿公园系统规划。该项目连接了九个独立的公园及开放空间，使得富兰克林公园、阿诺德公园、牙买加公园和波士顿公园及其余开放空间形成网络。"翡翠项链"规划被认为是将已有的波士顿公园系统规划、护区、生态廊道和线性建筑元素整合在一起的典范。该系统具有休闲、交通、水质、洪水控制、赏景和野生动物生境等主要功能。波士顿公园成为系统的关键在于奥姆斯特德设计的公园道，在奥姆斯特德的设计中，公园道不仅承担着交通的功能，还纳入了更多的自然环境，使道路形成线性的公园，串联起不同的公园形成一个整体，从而形成公园系统[20]。

1890 年，奥姆斯特德的学生查尔斯·艾略特(Charles Eliot)进一步发展公园系统的思想，建立起了一个超越城市尺度的区域性公园系统——波士顿大都会公园系统(Metropolitan Park System)[21]。最初的绿道规划大多利用城市绿地将已有的公园连接起来，主要的规划目的局限于市民的休憩娱乐。代表人工生态系统的"翡翠项链"与代表自然生态系统的大都会公园系统，保护了众多大规模的自然生态系统，维持着区域生态的稳定性与多样性[22]。波士顿公园系统在不同的历史时期对城市空间形态起到了塑造与改善的作用。公园非常好地发挥了边缘效应，逐渐地改善了周围混乱的道路系统，带动了周边地区的更新改造与发展，局部的城市形态受到公园的影响，形成以公园为中心的组团，整片区域的建筑整体性增强。线性公园连通多个点状的公园，形成"线性触媒"，将公园激活周边地带的功能进一步放大。艾略特大都会系统的建立，保护了城市内外大量的自然生态系统，实现了城在园中的关系转变，很好地起到了生态网络的作用。

2. 马里兰州绿图计划

马里兰州绿图计划(Maryland's Green Print Program)是具有代表性的绿色生

态网络案例。2001 年，马里兰州以法案的方式通过了绿图计划。绿图计划的核心内容是依据土地资源特性及物种等多源数据，快速识别具有较高资源保护价值的区域，继而展开针对性的详细土地资源开发利用状况调查；同时，在适宜的尺度对生态重要性和开发而引起的网络脆弱性进行优化，从而制订连续、系统的整体保护战略和多层次格局。该计划推行的理论依据是，大型、连续的生态区域通过自然廊道连接形成空间生态网络后，能够最大程度地补偿生境碎化和退化带来的生态功能丧失[23]。绿图计划将自然资源整合入现存或潜在人类干扰景观的背景中，协调同时运作多个保护项目并将其统一在导向的发展框架之中，扭转了以往随意性保护的状态。同时，将自然资源、生物多样性、绿色游憩空间保护、历史文化遗产等多个保护目标聚焦于网络的空间保护策略之下，对于提高保护效率、降低项目实施管理实际困难、减少不同项目之间的条块分割等起到决定性作用。

3. 新英格兰绿道网络远景规划

生态绿道是重要的自然走廊和开放空间，通常沿着河流、溪流和山脊线，主要具有野生动物大迁徙和保护生物多样性的功能，同时为人类提供学习和研究的场所。游憩绿道是指各种步道，往往有比较长的距离，以天然走廊为主，包括运河、被遗弃的轨道和其他公共路径，路线周围往往有精品景区，方便提供多样化的景观体验，尤其是连接水上游乐区域的游憩绿道格外受欢迎。历史文化绿道通常是有历史遗产和文化价值的场所或者步道，能吸引游客从而产生教育、娱乐和经济效益。1928 年，在新英格兰地区的马萨诸塞州，查尔斯·艾略特二世协调计划了美国的第一个全州开放的空间计划。在此基础上，马萨诸塞大学景观设计和区域规划系进行了新英格兰绿道网络远景规划。该项目的目标是开发一种保留和连接整个新英格兰休闲步道、生态重要栖息地和历史遗迹区域的绿道系统。新英格兰绿道网络远景规划共包括三种类型的绿道：生态绿道、游憩绿道、历史文化绿道[24]，这对绿道网络方案保护生态和环境、提供娱乐功能、保存历史文化有着重要作用。新英格兰绿道网络远景规划研究并绘制所有现存绿道和绿色空间，包括登山步道和铁路道，创建新英格兰地区广泛意义的连接，分别创建单一用途的绿道计划和复合绿道远景计划，将新英格兰地区内六个州的绿道网络并为新英格兰地区的综合绿道网络。该规划还是一个典型的层级生态网络规划，实现了从新英格兰区域、区域内六个州、场所三个层次进行绿道网络规划。

4. 欧盟 Natura 2000

Natura 2000 是一个保护地网络体系，涵盖了欧洲最有价值和最受威胁的物种和栖息地，是世界上最大的保护地协调网络，遍及当时 28 个欧盟成员国。Natura 2000 网络是根据欧盟《鸟类指令》(79/409/EEC)和《栖息地指令》(92/43/EEC)建立的。《栖息地指令》第 3 条第 3 款和第 10 条直接与保护网络的连通性相关。第 3 条第 3 款规定，如第 10 条所述，成员国认为有必要时，应努力改善 Natura 2000 自然景观的生态连贯性，维持并酌情发展对野生动植物具有重大意义的景观特征①。Natura 2000 是国家或地区扩大保护规模的史无前例的典范，促进了自然保护与其他人类活动的协调和融合，成效甚为显著。首先，欧盟生物多样性保护的土地面积迅速增加。截至 2018 年，保护地范围覆盖欧盟 9%的海域和 18%的陆地，具体包括 28 个成员国的 233 个自然和半自然栖息地、588 种特定植物、509 种动物(137 种无脊椎动物、25 种两栖动物、26 种爬行动物、72 种鱼、55 种哺乳动物、194 种鸟类)。其次，通过规划绿色和蓝色基础设施来恢复退化的生态系统并改善其连通性，已展现出在自然保护和社会发展条件下扩展保护网络的效果。最后，监测人类对生物多样性的影响并考虑可预见未来人为影响的情景，是有效生物多样性保护工作的关键。

5. 伦敦绿带与东部绿网规划

伦敦几个不同历史时期的城市绿地实践，包括从城市外围到城市内部各类绿地，典型案例如绿带[25]、公园系统、绿道、绿链[26]、绿网等。伦敦东部绿网(East London Green Grid)是真正意义上按照 GI 理念规划的项目，通过绿色网络将城市中心、工作区、居住地、交通节点连接起来。绿色网络实现与穿城而过的泰晤士河相连，目标是在伦敦东部地区重建和增加绿地和开放空间，创建一个相互联系、高质量和多功能的公共空间系统。目前，伦敦城市已基本形成绿网系统。网络化的绿色基础设施系统为伦敦生态环境质量改善起到了关键作用。如今伦敦不再是雾都，取而代之的是湛蓝的天空，清澈的河流，清新的空气，是名副其实的"世界花园之都"，是野生动物与人类共同栖居的家园。内伦敦泰晤士河记录到野生鸟类 65 种，鱼类 120 种，350 多种无脊椎动物重新回到城市中繁衍生息。

6. 埃德蒙顿生态网络规划

埃德蒙顿(Edmonton)是北美大陆艾伯塔省的一座城市。埃德蒙顿是加拿大发展最快的城市之一，拥有广泛的自然区和半自然景观，经济的快速发展导致大量自然生态区域丧失。埃德蒙顿生态网络是艾伯塔省及整个北美生态网络的一

---

① https://eur-lex.europa.eu/legal-content/EN/TXT/?uri=CELEX%3A01992L0043-20130701

部分,该生态网络不仅考虑了生态斑块及生态单元的保护与修复,更考虑了在区域尺度上重新建立绿色网络,并不断完善网络的连接,为生物多样性保护提供了重要的空间[27]。埃德蒙顿生态网络包括生物多样性核心区、生态廊道、连接区和基质。其中,埃德蒙顿生态网络的生物多样性核心区包括 3 个区域生物多样性核心区和 10 个市级生物多样性核心区。区域生物多样性核心区是指非常大的自然区,并不局限在当地的市政范围内;市级生物多样性核心区指完全在市政范围内的大自然区。该网络的生态廊道以北萨斯喀彻温河流域为主,形成带状生态廊道。北萨斯喀彻温河流域不仅仅是野生动物迁徙的重要廊道,还是其重要栖息地。连接区分为自然景观连接区和半自然景观连接区,包括脚踏石(stepping stone)和廊道两种形式,为生物多样性核心区和生物廊道之间建立了结构和功能上的连接。广泛的住宅区、商业区、工业区和农业用地组成了基质,基质的通透性对生态网络的连接度有重要的影响。总体来看,埃德蒙顿利用生态网络将自然区整合为一个系统进行保护和管理,并通过自然、半自然的景观将各个自然区连接起来,在自然区周边采用与其协调的土地利用模式,实现了经济增长与自然区保护的双赢。

1.3.2 我国实践

我国从 20 世纪 90 年代开始生态网络建设相关探索与实践。在国土绿化方面,自然灾害是绿色生态网络发展的契机。三北防护林工程是我国最早和生态网络相关的实践,其目的是防止农田受到风沙攻击。此外,相关实践还有河滨防护廊道和沿交通干道的生态廊道,主要应对洪涝灾害等情况。21 世纪以来,我国开始了区域生态基础设施规划和建设。2009 年,上海市启动了基本生态网络规划方案。2010 年,《珠江三角洲绿道网总体规划纲要》编制完成,将整个珠三角的绿色开放空间进行有机串联,确定了 6 条主线、4 条连接线、22 条支线、18 处城际交界面和 4410km² 绿化缓冲区,形成了珠三角绿道网的总体布局[28]。珠三角绿道作为我国大型城市群绿道建设的初次尝试,是具有研究价值的典型案例。2013 年,浙江省完成省级绿道网络布局规划,各城市相继完成市级绿道网络规划。各地区、相关省市的 2035 年国土空间相关规划均涉及生态网络构建内容。例如,《长三角生态绿色一体化发展示范区国土空间总体规划(2021—2035 年)》①提出,打破行政边界,优化国土布局;强化核心带动,以虹桥商务区为发展动力核,以环淀山湖区域为创新绿核,建设世界级湖区,形成"两核、四带、五片"的城乡空间布局。《北京市国土空间生态修复规划(2021 年—2035 年)》②提出,构建环首都—市域—

---

① https://www.shanghai.gov.cn/nw12344/20230221/46c580c1212c49e8b0bece3718178c7d.html

② https://www.beijing.gov.cn/zhengce/zcjd/202206/t20220608_2732617.html

平原区—中心城多尺度镶嵌融合的生态网络体系。《上海市生态空间专项规划(2018—2035)》①提出,构建"双环、九廊、十区",多层次、成网络、功能复合的生态格局;完善由国家公园、区域公园(郊野公园等)、城市公园、地区公园、社区公园(乡村公园)为主体,以微型(口袋)公园、立体绿化为补充的城乡公园体系。《广州市国土空间生态修复规划(2021—2035年)》②提出,2035年,全面构建安全、健康、美丽、和谐的国土空间格局,人与自然和谐共生格局基本形成,建成"山青林环、水秀海碧、田广人和"的美丽广州。除了总体规划,一些地方还制订了专题规划,如《珠三角地区水鸟生态廊道建设规划(2020—2025年)》③,这是为保护珠三角地区生物多样性,改善水鸟繁殖地、迁徙停歇地、越冬地环境质量,拓展水鸟分布空间,构建水鸟生态廊道和生物多样性保护网络,维护区域生态系统安全和稳定,推动生态文明和高品质大湾区建设而编制的。计划至2025年,建成珠三角地区水鸟生态廊道。

1.4 研究现状

1.4.1 生态网络的构建问题

生态源地作为物种生存和扩散的起点,与周围环境进行复杂的物质、能量和信息交换,对维持生态系统功能起到重要作用。识别生态源地是构建生态廊道的基础[29]。传统的源地选取常通过对斑块生态重要性进行主观判断,确定生态源地,大多从现状生态迁徙的角度出发,筛选廊道并构建绿地生态网络。黄苍平等[30]、田雅楠等[31]、周汝波等[32]认为生态源地和生态阻力面是生态网络构建的重要基础,也是生态网络分析的关键。陈小平等[33]认为源地在空间上具有一定拓展性和连续性,能够推动景观过程发展,生态源地是物质、能量甚至功能服务的源头或汇集处。生态源地识别主要有定性与定量两种方式[34]。定性识别是将生境质量较好的风景名胜区和自然保护区作为生态源地[35-36],该方法简单直接,忽略生态源地在区域生态系统中的空间连通性[37];定量识别则是对生态敏感性、景观连通性等指标进行评价,能较好地衡量生态源地自身功能属性,运用较为广泛[38-39]。霍锦庚等[40]将增加的水田、林地、草地和水域识别为大都市区的生态源地。高宇等[41]利用形态学空间格局分析(morphological spatial pattern analysis,MSPA)法,提取出

① https://lhsr.sh.gov.cn/gggs/20200413/0039-01241CC9-626B-41B7-B769-7D87B98C03B0.html?eqid=f28faf4a000468bf00000005645bc263

② https://www.gz.gov.cn/zwgk/ghjh/zxgh/content/post_9356326.html

③ http://lyj.gd.gov.cn/government/Information/plan/content/post_3045912.html

林地、草地、水体构成的自然要素为生态源地。徐伟振等[42]、陈丹阳等[43]、郭家新等[44]、齐松等[45]及周英等[46]基于 MSPA 方法，利用 Conefor 2.6 软件选取景观连接度较好的核心斑块为生态源地。陈群等[47]依托生态保护红线和自然保护地的分布，结合生物多样性维护功能重要性评价结果，考虑景观格局和生态系统的连续性选取生态源地。罗言云等[48]基于生境破碎化的现状，将综合评价得分较高的斑块作为生态源地。朱捷等[49]通过构建"属性-功能-结构"三位一体的生态源地识别框架，提取生态源地。刘祥平等[50]从生态功能和景观水平两方面考虑生态源地的识别，采用 InVEST 模型中的生境质量模块对天津市的生境质量进行定量评估，利用 MSPA 方法将提取的核心区与生境质量叠加评估，提取累积值占前 50%的生境进行景观连通性评价，并提取斑块重要性指数大于 1 的核心区斑块作为生态源地。姚晓洁等[51]将生态用地作为生态源地的识别源，利用 ArcGIS 统计生态用地面积，并将水体、草地、林地斑块与归一化植被指数(normalized difference vegetation index，NDVI)和归一化水体指数(normalized difference water index，NDWI)连接，结合斑块面积构建能量子，基于此识别生态源地。贾振毅等[52]选取具有较高生态系统服务价值的城区绿地和自然区有林地作为城市网络构建的潜在源斑块；通过植物样方调查，选取植物多样性指数排前 50%、群落优势种中乡土树种比例 40%以上、树龄 10a 以上、且斑块面积大于 2000m^2 的栖息地为生态源地。

阻力面是指信息流、物质流、物种流等从源头向外扩散时需要克服的障碍等值面[53]。阻力面的构建首先需要确定影响目标物种扩散的阻力因子[54]。景观中影响物种或生态过程扩散的因素较多，土地利用类型作为构建生态网络的主要景观基质，是影响物种迁移扩散的最重要的阻力因子，因此大多数研究将土地利用/覆被用于阻力面构建[55]。针对不同的研究目标和研究区，会因地制宜地选取一些特有的限制因子。有学者在区域生态安全格局评价和生态网络构建过程中，将地质灾害[56]、土壤侵蚀[57]、径流[58]、交通[59]、人类活动强度[60]等因子纳入阻力面构建体系中。对阻力因子的阻力系数进行修正可以使阻力面的构建更加科学，Li 等[61]引入地表干旱指数、景观生态风险指数等作为修正参数进行阻力面构建，也可以考虑相同土地利用的内部差异，采用土地利用类型插值得到隐性阻力面[62]，或者考虑人为干扰等因素，利用表征人类活动的夜光灯数据进行修正[63]。Wang 等[64]和毛诚瑞等[65]利用生态系统服务价值识别源地，以生态系统服务价值的倒数作为阻力面，即生态系统服务价值高的地方阻力小。刘骏杰等[66]基于专家打分法对用地类型进行阻力值设定，构建阻力面。谢于松等[67]基于层次分析-变异系数法完成了各指标的权重赋值，构建了四川省主要市域绿色基础设施网络评价指标体系。霍锦庚等[40]基于 TM 遥感影像数据及地形图数据信息，通过考察不同土地利用类型的植被覆盖情况和受人为干扰的程度，确定不同生境斑块的景观阻力大小，生成景观阻力面。韦宝婧等[68]引入熵权法并与 GIS 空间地图代数功能相结合，构建基于空间化的数据指标，将 6 个阻力因子加权叠加得到综合阻力面。胡其玉等[69]基于土地能值分析的景观发展强度指数构建阻力面，通过计算土地单位面积上不可更新资源的投入与消耗，评估人类对土地的开发利用强度。郑茜等[70]利用累积耗费距离模型分析并模拟生态流的运行，基于 ArcGIS 平台的空间分析代价距离模块，构建武汉市生态阻力面。潘竟虎等[71]将空间主成分分析获得的生态安全评价要素作为阻力因素，将景观累积耗费距离表面按自然断裂法进行判别分析和类型划分，基于此构建张掖市甘州区生态阻力面。杨志广等[72]采用熵值法，得出不同土地利用类型的生态景观阻力权重，对生态景观阻力的栅格数据进行重分类，基于此构建广州市生态阻力面。

　　生态廊道在功能上具有连通性，在结构上具有连通度，是支撑物种扩散、迁移的生态功能空间，作为生态网络中可识别的自然结构，是生态网络构建的关键。生态廊道是区域物质和能量流动的通道[73]，分为显性和隐性两类。徐伟振等[42]通过 ArcGIS 10.5 的成本距离模块并结合最小累积阻力(minimum cumulative resistance，MCR)模型，模拟生态源地间最小累积阻力路径，根据重力模型得出核心区间相互作用矩阵，将斑块相互作用力>3 确定为一级廊道，1<相互作用力<3 为二级廊道，0<相互作用力≤1 为三级廊道。刘颂等[74]基于阻力面和生态源地，利用空间分析中成本路径等工具识别生态廊道。王越等[75]指出，潜在生态廊道的提取以 MCR 模型为主，既有的结构性廊道如林带、绿廊等易被忽略，使得生态廊道提取不足，影响景观格局分析的准确性和生态网络构建的合理性。也有研究借助 ArcGIS 的成本连通性工具，利用阻力面和生态源地生成由源斑块到目标斑块的最小路径生成潜力廊道，在此基础上以每一条潜力廊道移除后整体生态网络的连通度指数变化为依据进行重要性分析，从而科学地判定生态廊道的重要性[76]。宁琦等[77]根据电路理论构建电阻表面并输出累积电流密度图，运用 Linkage Mapper 生成源地之间承载生态流与能量流的低阻力生态通道，基于最小化边际损失原则与附加效益函数去除规则，采用分区模型对生成的电流密度图进行像素级排序，遴选分区模型排名前 10%的栅格像元，作为生态网络中的关键走廊区域。MCR 模型在生态廊道的建设中占据重要位置[78]。Dong 等[79]在 MCR 模型的基础上，指出空间连续小波变换和核密度计算可有效识别生态廊道。李政等[80]认为 MCR 模型与水文分析相结合也可构建生态廊道。

1.4.2　生态网络的优化问题

　　史娜娜等[81]认为核心生态源地作为物种的重要栖息地，是潜在生态网络结构中的重要功能节点，具有促进物种迁移和扩散的作用，因此将生物多样性保护关键区作为新生态源地重点保护。杨帅琦等[82]结合核心区斑块空间分布和斑块重要性指数，将斑块重要性较大的核心区斑块作为新的生态源地。刘瑞程等[83]在根据断裂点设置暂栖地的基础上，增设廊道与道路高密度区叠合和廊道自身累积阻力较大两种廊道易断裂情景，补充加密布设暂栖地。路晓等[84]提出影响河流廊道生态功能的主要因素为宽度和连续性，在河流两边应该保持宽 30～100m 的植被带，为物种提供足够的生境和通道。胡炳旭等[85]认为生态节点可加强廊道交会处的生态功能，在生态结构较为脆弱的草原，要加强小型生态源地类型节点的保护；山区增加廊道交叉点为生态节点，城市化程度较高的城市内部应加强廊道交叉密集区的生态节点优化。齐松等[45]从生态断裂点修复角度出发，认为交通路网会阻碍生态过程的发生，使景观功能受损，建议通过一些工程措施实施修复。沈钦炜等[86]通过设立高架桥来保留原有的绿色通道。秦子博等[87]认为可以为野生动物提供迁移的地下通道、隧道、天桥等较长的生态廊道，会容易受到外界干扰而降低稳定性，建设脚踏石斑块以提升生态廊道稳定性。宁琦等[77]根据廊道上绿地斑块的空间分布、重要廊道的交会点，并结合连通性较大的核心区和桥接区，规划脚踏石斑块。杨超等[88]通过增加脚踏石和廊道提高生态网络质量。梁艳艳等[89]基于水文分析提取得到的生态廊道能起到增强南北区域连接的作用。刘晓阳等[90-91]基于厦门市本岛与岛外的割裂发展，规划增加道路交通廊道来增加岛内外斑块之间的连通性。朱捷等[49]从"点-线-面"三个层面对徐州生态网络进行优化，通过尺度转换与尺度推绎，有效指导主城区生态网络的结构布局与要素调整。有研究提出在不同尺度上对生态网络进行耦合和合理镶嵌，能减少生境破碎化的影响，保护生物多样性、维持与改善区域生态环境，实现可持续发展[92]。高娜等[93]对生态节点盲区进行识别优化，采取创建地理空间网格的方法，对每个空间网格中的生态节点数量进行统计，将生态节点数量较少或无生态节点的区域确定为重点优化区，进行生态节点点位弥补和生态优化。

　　生态网络中的生态节点起着脚踏石的作用，能够给迁移距离较远的物种提供良好的歇息地[94]。胡炳旭等[85]以京津冀城市群重要生态廊道上的小型生态源地及生态廊道与现有道路、河流交叉重叠较高区域作为生态节点。高雅玲等[95]提取最小耗费路径的汇集点作为景观生态节点。汪勇政等[96]利用 Linkage Mapper 工具构建城市绿色基础设施网络，并使用 Barrier Mapper 工具设定搜索半径为 300m 进行生态节点的识别。生态节点是源地最小成本路径和最大耗费路径的交点。汉瑞英等[97]认为生态节点一般位于生态廊道上功能最薄弱处，生态节点包括生态廊道与最小阻力路径的交点、潜在廊道与重要廊道的交点，选取重要生态廊道和最小阻力路径的交点作为太行山片区生态网络的生态节点。郑茜等[70]以关键生态廊道通过的阻力面鞍部落差最大的地方作为生态空间网络节点的首选区位，识别出武汉市 7 个区位地理特征不同、节点生态功能有异的生态节点。

1.4.3　生态网络的尺度问题

传统的生态网络规划缺乏统一有效的构建方法和技术标准，不同层级的规划难以实现整体配合；多数生态网络构建与优化倾向于为经济建设服务，或侧重于观赏休闲功能，未足够重视生物多样性保护和生态系统服务功能的维持[98]。层级兼顾、功能丰富的"国际—国家—区域—地方"层级生态网络结构有利于各个层级的层层细化，实现生态网络构建的整体协调[99-100]。王戈等[101]引入能量理论，利用 NDVI 和 MNDWI 来描述生态用地的特征并计算面积，构建能量因子；考虑阻力因子进行三层生态阻力面模拟，叠加生成最小累积生态阻力面，并按层级提取生态廊道，层级生态廊道与对应最小累积阻力面山脊线交点的位置确定为生态节点，基于此构建包头市层级生态网络[101]。朱捷等[49]通过构建"属性—功能—结构"三位一体的源地综合识别指标体系，基于最小费用路径、电路理论、移动窗口搜索法等方法，构建并叠置分析徐州都市区和主城区两个尺度的生态网络。丁成呈等[102]从区域、城市、组团 3 个尺度，系统开展了合肥市主城区生态网络的构建，在区域尺度确定生态空间的总体结构，在城市尺度塑造"多组团、多中心"的空间形态，在组团尺度形成均衡化的网络格局，使得生态网络构建从过去的底线防御式向主动干预式转变。姚晓洁等[51]利用能值理论和最小累积阻力模型，提取生态源地与生态廊道，结合水文分析法提取生态节点，构建临泉县层级生态网络。潘远珍等[103]构建水生态网络和生境网络以提供水塘连通性，水塘斑块、汇水节点、自然水系及雨水径流共同构成乡村水生态网络体系。张晓琳等[104]基于多目标遗传算法建立了"资源型战略点-结构型战略点-结构型薄弱点"的多层级生态节点识别体系。张浪[105]基于基础生态空间、郊野生态空间、中心城周边地区生态系统和集中城市化地区绿化空间系统 4 个层面的空间布局结构，构建上海市层级生态网络。刘祥平等[50]运用复杂网络的评价指标和景观格局指数及综合稳定性、均匀性和连通性指数，从源地—廊道—节点—整体多维度对其结构演变进行综合评价与优化。

1.4.4　发展趋势

1) 泛大洲和国家全域多生态网络体系构建

生态网络思想由 Hannon 提出，Finn 改进，推广于欧美"绿道"建设，其特点如下：①实行从国家到村域的全尺度生态网络建设模式，既考虑原有的山水格局，又以维护生态过程的安全和健康为目的，联系具有关键意义的景观元素、空间位置，形成了可有效连通城乡的多层次、连续完整的生态网络体系。②美国"绿道"建设的主要目的是风景观赏和休憩，而欧洲绿道实践的主要目的在于自然保护，二者均在21世纪初将生态网络转化为政策，典型的有欧盟指令92/43/EEC和79/409/EEC、"泛欧洲生物和景观多样性保护战略"和"泛欧洲生态网络发展指引"等。

2) 研究对象由聚焦城市地域转向多元地域系统

近几十年来，快速的城市化对自然生境造成了强烈干扰，生态空间锐减，景观日益破碎，严重威胁着区域生态安全。我国对生态网络的研究由以城市地域为主逐渐趋向多元化：①将乡村生态网络构建纳入研究视野；②兴起了城乡一体化的生态网络构建；③沿海滩涂、海岸带、干旱区等生态脆弱区的生态网络问题日益受到关注。

3) 研究方法呈现以 MSPA 法为主的综合集成态势

以最小累积阻力(MCR)模型为判断并模拟生成潜在生态廊道的主要方法，随着研究的推进，将重力模型、图谱理论引入生态网络研究中，主要用于定量分析廊道的相对重要程度。生态源地的选择是 MCR 模型的关键，一些研究直接选取生态服务价值较好的森林公园或自然保护区作为生态源地，主观性干扰较大，忽视了斑块在景观中的连通性作用。另外，通过 MCR 模型生成的廊道是景观中潜在的廊道，很少考虑景观中既有的结构性廊道[106]。偏向测度结构连通性的形态学空间格局方法(MSPA)，可精确分辨出景观的类型与结构，且强调结构性连通[107]，增加了生态源地和生态廊道选取的科学性，得到了广泛应用[108-109]。当前，以 MSPA 法为主的综合集成已成为主流[110-111]。

4) 多层次、多目标的生态网络构建趋向

多层次、多目标已成为生态网络主要的研究发展方向。生态网络构建尺度已从社区尺度、城市尺度发展到区域尺度、国家尺度，构建的内容涉及自然环境资源、历史文化资源和游憩资源的保护和利用等，功能涵盖生态保护、交通、休闲、游憩、绿化等。从泛大洲和国家全域多层次生态网络体系构建，转向生态管理的政策管控；我国呈现由早期的聚焦城市地域转向乡村、城乡过渡区、城乡一体化及生态敏感区等多元化态势；方法上表现为以 MSPA 为主的综合集成转向。"国际—国家—区域—地方"是生态网络规划的常用尺度，强调各层级之间的协调配合，并且从大尺度到小尺度逐级细化。我国目前生态网络规划的层次较为单一，规划中应扩展生态网络的规划层次，并且做好从上到下多层级之间的纵向协调，以及与不同行政区域之间的横向协同配合，使得生态网络规划能够得到良好衔接。

1.5　典型区选择及研究尺度

1.5.1　典型区选择依据

　　宁夏是唯一全境属于黄河流域的省级行政区，先天自然条件和特有地形地势使宁夏成为全国重要的生态节点、生态屏障和生态通道。宁夏大部分地域属于黄河流域的上游区，仅有南部小范围属于中游区(图 1-1)。由于区域生态系统的重要性和脆弱性，近几十年来，宁夏一直是我国生态保护与修复的前沿阵地，尤其在治沙、植被恢复、水土保持等方面做出了长期艰苦的努力，取得了显著成效，积累了相当经验。目前，由于社会经济发展与自然环境变化，区域生态系统仍然面临着沙漠扩张、植被退化、水资源短缺、水土流失、灌区农田面源污染威胁黄河水质、生态系统脆弱、稳定性差等生态环境问题，亟待统筹推进山水林田湖草沙综合治理、系统治理、源头治理，在防风固沙、土壤保持、水源涵养、生物多样性维护、城镇与重大基础设施生态防护等方面开展生态保护与修复，提升生态系统功能。宁夏是黄河流域生态保护和高质量发展先行区，地处温带干旱半荒漠气候区，年均降水量 180～367mm，从北到南依次为腾格里沙漠、黄河及沿岸冲积平原、中部低山丘陵、南部黄土高原；主要生态系统类型包括沙漠生态系统、河

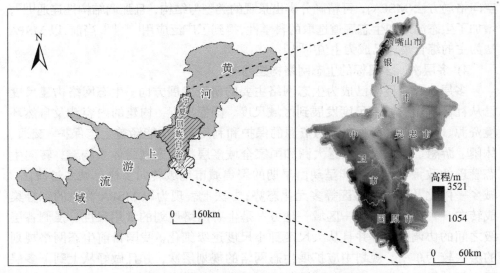

图 1-1　宁夏在黄河上游流域的地理位置①

────────────

① 本书中宁夏地图及涉及地级市、区(县)地图等均按照宁 S[2022]第 001 号基础地图制作。

流及湿地生态系统、农田生态系统、荒漠草原生态系统、森林生态系统、城镇生态系统等。多年来通过生态修复与治理，宁夏生态环境有了显著改善，但仍然面临着沙漠扩张、植被退化、水资源短缺、水土流失、灌区农田面源污染威胁黄河水质、生态系统脆弱、稳定性差等生态环境问题。基于上述原因，选择宁夏为典型区开展研究。

1.5.2 研究尺度的界定

尺度问题是生态学研究的核心问题，尺度效应使得景观现象特征、生态过程机制、总体格局结构随观测分析尺度变化产生分异，只有尺度选择与生态系统结构功能相符合才能正确揭示格局-过程规律。景观的功能性和连通性是由研究对象或生态过程的特性规模决定的，是衡量景观生态服务价值大小的指标，也是景观生态系统健康评价中的重要指标之一。尺度不同，景观空间的功能结构特征也各不相同。例如，由于观察对象、尺度的不同，斑块、廊道和基质之间往往是相对的，基质可看作景观中占主导地位的斑块，廊道可看作带状的生态斑块。基质是整个网络中分布广泛的部分，廊道和斑块镶嵌在其中，使自然生态环境具有更好的连续性。

不同尺度的生态网络承担不同的功能。国际尺度的生态网络侧重于为超国家尺度地区的发展提供生态服务功能；国家尺度则兼顾生态平衡、生物多样性保护、指导发展等功能。区域尺度的生态网络通常是将高质量的栖息地相互连接，通过结构性连接和功能性连接，减少景观破碎化对残余自然斑块的负面影响。城市尺度的生态网络作为区域尺度生态网络的次级网络，具有与其相同的生态功能，但功能发挥强度相对较弱，其主要作用在于连接城区与自然界的交流，以维持城市生态系统的稳定。社区尺度内生态网络的主要功能体现在改善社区微气候、增加社区内空气湿度、提高社区生态适宜度等。德国的生态网络规划尺度分为国际、国家、区域、地方等多个层次。在欧洲层面上，重要的国际生态廊道往往构成或者跨越了国家边界，如大型河流系统及其洪泛区、覆盖大范围森林生态系统的丘陵和山脉、人烟稀少的近自然区或边境地区。另外，"自然2000"保护区需要在边界地区保持连贯和一致性，这些地区都需要在国际一级采取协调一致的做法，才能得到有效的保护并被允许发展。由于德国是联邦制国家，在德国执行生态网络规划是各州的专属责任。

不同层次的生态网络构成有机网络体系，形成完整、合理、结构分明的生态空间格局，为整个区域及城市的生物多样性保护和生态福祉提升提供基础。基于不同尺度下生态网络的功能，大尺度的规划应考虑更小一级尺度的细致规划，对某一地区的规划应逐级细化。一般来讲，联系和交流对所有物种的生存、进食、繁衍或建立新群落都是非常重要的。对大多数物种来说，不同尺度的路径能起到连接个体和种群的作用。不同尺度的生态网络规划可以针对不同物种的空间需求，并具有不同的规划目的和实施机构。

本书按照省域—市域—县域—城区—专题尺度开展研究，有机连接不同尺度的生态网络形成"多尺度的空间嵌套体"，既为大尺度结构对小尺度的支配调节，又为跨尺度共有关键要素传递生态效能提供研究基础。

(1) 省域尺度。省域尺度是生态网络构建与优化研究的重要单元。除行政区划外，省域边界还具备自然环境分区的含义，适合作为一个整体来进行研究。相对于小尺度，省域尺度的生态廊道能够更好地发挥保护生物、调节生态环境等生态功能。

(2) 市域尺度。市域尺度指地级市尺度。宁夏有银川市、石嘴山市、中卫市、吴忠市和固原市 5 个地级市，选择中卫市为市域尺度案例区开展研究。

(3) 县域尺度。宁夏有 22 个区(县/市)，选择县级市灵武市为县域尺度的代表。选择灵武市的主要原因是境内有白芨滩国家级自然保护区和国家能源黑三角之一的国家重化工能源基地——宁东基地，主要探究生态网络和社会经济发展之间的相互影响和关联。

(4) 城区尺度。城区尺度选择宁夏首府银川市的中心城区为案例区。银川市下辖三区两县一市，其中三区包括西夏区、金凤区、兴庆区。中心城区主要以三区的核心区域(以银川市绕城高速环绕的区域)为边界，基本形成了一个方格状区域。此区域内分布了银川市目前的城市建成区，以及较多的城市公园和湿地湖群较为密集的区域。

(5) 专题尺度。宁夏受黄河灌溉冲淤形成了宁夏平原，以青铜峡渠首为界，南北分别为卫宁平原和银川平原。银川平原是青铜峡灌区所在区域，形成了较为完备的自流灌溉渠系，水网密布。受地形影响，银川平原上形成了大量的湖泊湿地，黄河水系、人工灌溉渠系、湖泊水库、滩涂湿地形成了黄河上游绿洲区特有的河湖体系。选择银川平原作为河湖湿地生态网络专题研究案例区。

各尺度之间的空间关联如图 1-2 所示。

总之，尺度嵌套是生态系统层级间重要的衔接模式，通过上下尺度主体结构包含与被包含的层级组织形式，延续上级尺度结构，支配调节下级尺度功能；下级系统作为相对独立单元能通过嵌套结构为上级系统提供结构组分，巩固支撑整体格局，这对生态系统稳定性有重要意义。若上下层级主体结构相互脱离，则会破坏系统的整体性，造成内在机制作用不畅，影响其生态系统服务功能的有效发挥。

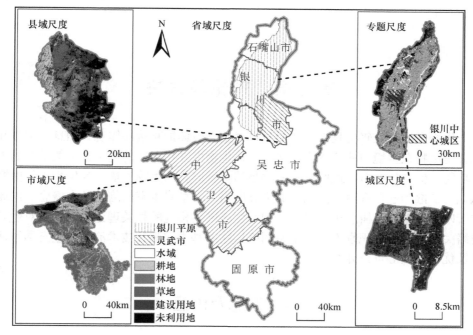

图 1-2　各尺度空间关联

第2章　理论与方法

　　生物生境的破碎化是人类活动对自然生态破坏最直接的体现。栖息、扩散和迁移是生物在生境中的基本生存活动，是生物多样性存在的基本且至关重要的生态功能。保护生物多样性的最佳方法是消除破碎化的生物生境，为生物提供由栖息地、扩散和迁移廊道共同构成的生态网络。本章对生态网络的基本概念、内涵进行阐释，对相近概念进行辨析，列举生态网络构建的相关理论基础，并对生态网络关键要素及其识别方法、生态网络构建的基本原则及技术流程、生态网络评价及优化方法等进行介绍。

2.1　概念及内涵

　　生态网络发展至今得到了广泛关注，相继形成众多相似概念，包括绿色基础设施、生态基础设施、绿道、生态网络、生境网络、生态廊道、绿带等。本章选取与本书密切相关的一些概念进行较为详细的介绍。

2.1.1　相关概念

1. 生态网络

　　福布斯(Forbes)在 1887 年提出生态网络(ecological network，EN)相关概念：同一有机复合系统中的动植物等生物因子互连共存，这些组成者之间彼此相互作用，共同影响又维持着这个复杂体系的运行[7]。

　　1990 年，美国学者查尔斯·E·利特尔(Charles E. Little)认为，生态网络是把自然保护、公园和文化景观等连接起来的开敞空间[112]。1993 年，Jongman 和 Pungetti 认为生态网络是由自然保护区及其之间的连线所组成的系统，这些连接系统将破碎的自然系统连贯起来；相对于非连接状态下的生态系统来说，生态网络能够支持更加多样的生物。

　　2010 年，Opdam 等[113]认为，生态网络是多种类型的生态节点和连接各节点的生态廊道组成的空间连贯的生态系统，系统中的生物有机体之间进行有机交流，其目的是维持人类活动影响下生态过程的完整性。

2015 年，Nimmo 等[114]认为，生态网络是为保护生态系统、生物多样性、防止动物栖息地破碎化现象严重而产生的概念，主要由不同级别的廊道连接形成。

2017 年，刘世梁等[3]认为，生态网络是在一个开放的空间中，通过生态廊道连接景观中的生态斑块，形成一个有机完整的网络。

2020 年，汪再祥[115]认为，各种保护地是生态网络上的重要节点，深流、树篱、步道、森林廊道等就是各节点联系的脉络(连通性)。

尽管学者们对生态网络的定义各有侧重，目前也未统一，但都强调生态网络的完整性、连通性和生态服务功能，具有以下共同特征：连通性、线性生态廊道、开敞空间的有机整体、整合自然资源、维持生态系统稳定性和保护生物多样性。

2. 绿道

绿道(greenway)，是绿色通道的简称。这一名称来源于英文单词 greenbelt 和 parkway，既是具有自然植被的区域，又是具有交通作用的空间。parkway 是供马车经过的通道，像公园一样作为城市的绿色走廊，属于城市景观的一部分；greenbelt 则指分布于城市外围的绿色隔离带，源于欧洲为防止城市的无序蔓延而人为建立在城市外围的绿色控制带。现代绿道思想的源头可以追溯到奥姆斯特德时期。1867 年，奥姆斯特德完成了著名的波士顿"翡翠项链"——波士顿公园系统规划，奥姆斯特德因此被称为绿道运动之父。

1959 年，绿道一词首次出现在美国学者威廉·怀特"保护美国城市的开放空间"一文中。

1965 年，在城市总体规划文件《费城规划》(The Philadelphia Plan)中，绿道的概念得到较系统的描述和运用。这个重要的规划文件把绿道定义为"城市绿地等级体系中的关键性连线"，后来的学者进一步将这个定义扩展为"联系多个社区并提供多种替代交通选择的多功能步道"[116]。

1987 年，美国在 Report of the President's Commission on Americans Outdoors 中使用"绿道"一词，绿道概念被界定为"为人们提供靠近居住地的开放空间，串联城市和乡村空间，形成一个巨大的循环系统"。简言之，绿道网络即多条绿道组成的串联城市和乡村地区的多层次网络系统。

1990 年，查尔斯·E·利特尔出版了经典著作《美国绿道》(Green Way of America)。他对绿道的定义如下：沿着如河滨、溪谷、山脊线等自然走廊，或是沿着用作游憩活动的废弃铁路线、沟渠、风景道路等人工走廊建立的线型开敞空间，包括所有可供行人和骑车者进入的自然景观线路和人工景观线路；它是将公园、自然保护地、名胜区、历史古迹等与高密度聚居区之间进行连接的开敞空间纽带；从局部来说，绿道是被设计成林荫大道或者绿带的某种带状或线性公园[117]。

1993 年，施瓦茨(Schwarz)在其《绿道规划·设计·开发》一书中提到，绿道一般沿溪流、山脉、远足道、乡间小路、废弃的铁道、城市的滨水地区和其他线性廊道分布，绿道使这些开放空间具有了形状和定义。绿道通过提供一种绿色的基础设施提高人们的生活质量。

1996 年，埃亨(Ahern)于《绿道：一场国际运动的开端》一书中对绿道提出了新的定义：绿道是为了实现生态、娱乐、文化、美学和其他与可持续土地利用相适应的多重目标，经过规划和设计而建立起来的土地网络[118]。

2003 年，Jongman 对绿道的定义如下：绿道是一个沿着具有自然或人造特征物而建的开放的线性空间。这些自然或人造特征物主要指河流、山脊线、铁路、隧道、公路等。通过规划、设计和管理这些特征物，可以整合和保护生态、风景、游憩和文化资源。一条绿道可能是乡间小道，也可能是没有游憩入口的保护廊道[119]。

在我国，绿道被认为是一种线性绿色开敞空间[120]，通常沿着河滨、溪谷、风景道路等自然和人工廊道建立，内设可供行人和骑车者进入的景观游憩线路，连接主要的公园、自然保护区、风景名胜区、历史古迹和城乡居住区等[121]。

3. 绿色基础设施

美国在 20 世纪末提出了绿色基础设施(green infrastructure，GI)概念。GI 是国家的自然生命支持系统——一个由水道、湿地、森林、农田、野生动物栖息地、牧场、林地、公园绿道等开敞空间组成的相互连接的网络。

1999 年，美国总统可持续发展委员会提交了报告 *Towards a Sustainable America : Advancing Prosperity，Opportunity，and a Healthy Environment for the 21st Century*，将 GI 确定为永续发展的重要战略之一，并指出绿色基础设施是一种积极寻求理解与平衡，评价自然资源系统不同生态、社会和经济功能，从而指导可持续土地利用与开发模式，保护生态系统的战略措施。

2001 年，莫法特(Moffatt)编写了《加拿大绿色基础设施导则》，说明了 GI 的特征、规划实践及福祉等，将 GI 定义为基础设施的生态化，指以生态化手段来治理基础设施建设造成的问题。

2005 年，英国的简·希顿社区联合会(Jane Heaton Associates)将 GI 的核心概念定义为一个对现有、未来和社区生态环境及其发展方向具有一定的影响力和重要贡献，并且可以将其实现成为维护整个社区均衡、整合各个不同社区、适应其他地区社会、经济和自然环境的多功能绿色社区空间管理网络。

2006 年，英国西北绿色基础设施小组(The North West Green Infrastructure Think-Tank)认为，GI 是一种由自然环境和其他多种绿色空间共同作用而组成的网络系统,具有多种生态系统服务功能、不同的空间尺度,并且具有相互连接的特征。同年,美国学者 Benedict 等[122]认为 GI 是具有内部连通性的大型自然生态区域及绿色开敞空间的网络,具有完整的生态系统服务功能和应用价值,为人类和野生动物提供栖息地、干净的水源及迁徙的通道,构成保障自然生态、社会与经济健康发展的绿色生态网络框架。

2007 年,Tzoulas 等[123]认为生态环境敏感区和兼具生态保护发展目标的各个区域,如农田、林地、生态旅游开发区、文化遗产传承与保护区域等,均是 GI 的重要组成部分,注重生态环境过程维护的长期性、连贯性和生态系统的整体性,与生态系统健康及人类的健康紧密相关。

2009 年,欧盟委员会在《适应气候变化白皮书:面向一个欧洲的行动框架》中第一次引入了 GI 的概念,2010 年在《绿色基础设施基本说明》中对 GI 作了明确的诠释:重视生态系统的连通性,在保护生态系统的同时减缓气候变化,最大限度减少自然灾害风险,提供可持续生态系统产品和服务,通过投资以生态系统为基础的方法为更加环保、更加可持续的经济发展做出贡献。

2012 年,英国发布《国家规划政策框架》(National Planning Policy Framework),将 GI 定义为"一个多功能的绿色空间网络,能将一系列环境、健康与生活质量福祉传递给当地居民"。

综上所述,GI 由各种开敞空间和大型自然景观区域构成,其中包括绿道、湿地、雨水花园、森林、乡土植被等,这些环境要素构成相互衔接、有机统一的网络体系,能够为野生动物的迁移和自然界的生态进程提供出发点和落脚点,其自身也可以很好地应对风暴雨水,改善水质与小气候,从而节约城市管理成本。

2.1.2 概念辨析

生态网络的核心是生物保护,强调生态安全,其在保障生物多样性、协调城市和自然发展的矛盾等方面发挥着重要作用,为土地利用、国土空间规划等提供科学的理论参考。绿道强调土地保护和网络结构的整体性,强调自然生态系统和人类休闲游憩系统的复合性,强调网络之间的连贯性,在美学、生态、休闲、文化等方面发挥着重要作用。绿道最初是指便于人们进入美国乡村的道路和线路,而生态网络的初衷则是为了保护欧洲物种与栖息地。GI 的核心是自然环境决定土地使用,突出自然环境对城市、人类、动植物的支撑与服务功能。GI 的网络中心是以不同形式和尺度存在的,既可以是广泛分布的野生动植物日常栖息地,也可以是大型自然生态系统中各种生态过程的源地和交汇点,还可以是城市中的大型公园与开敞空间,主要包括规模和面积较大的预留地,以及能够适应不同类型对象的原生态环境保育区,常见的类型包括大型国家公园和

野生动物的栖息地；规模较大的开敞空间常见类型有大面积森林、规模不一的
农田等。

　　生态网络、绿道、GI 三个概念的侧重点有所不同，在后来各自的发展中，这
三个概念在内涵上有很大的交叉，目前都被看作是供物种群落(包括人类)生存和
移动的基本结构。三者有一定的关联性，又各有侧重(表 2-1)。

表 2-1　概念辨析

概念	组成要素	基本模式	主要功能	尺度	来源/实例
生态网络	水系、湿地、林地、山体等自然空间以及公园、自然保护区等具有生态功能的人工绿色空间	生态源地-廊道-生态节点(脚踏石斑块)	生态保育	国家城市区域	国家尺度的生态网络(法国)
绿道	道路等人工线性空间或水系等自然线性空间	基质-廊道-斑块	景观游憩	城市区域	波士顿公园系统(美国)
绿色基础设施(GI)	水系、湿地、山体、野生动植物的栖息地及其他自然区；绿色通道、公园及其他自然环境保护区；农场、牧场和森林；荒野和其他支持本土野生物种生存与繁殖的空间	网络中心-连接廊道	生态保育景观游憩	国家城市区域	马里兰州绿图计划(美国)

　　如果将社会功能复合进生态功能中，生态廊道便衍生为绿道。由生态廊道
衍生出的绿道，不仅能保障物种扩散和迁移的自然条件，更能为社会、文化等
的沟通交流提供空间支持，成为城乡空间生态网络化构建的关键要素。绿道作
为绿色开敞空间，线性要素是其主体，连通性是其重点，其目的是建立和形成
一个整体的土地利用和保护网络，从某种意义上也属于 GI 的范畴。绿道由相
互联系和渗透的基质、节点、天然廊道、连接脊柱及其他人工设施五大要素构
成。绿道系统建设是保护城市生态系统、平衡自然与人居环境关系的重要策略。
绿道除了旅游和休憩功能外，也是具有重大意义的生态廊道，对维持区域生物
多样性至关重要。近年来，人们对气候变化的关注使绿道作为 GI 的作用更加
突出。

　　生态网络、绿道、GI 在方法和功能上呈现出明显的差异，GI 以城市生态系统
为目标系统，通常集合生态保育、景观游憩与防护隔离三种功能于一体；生态网
络通常以生态保育为主要功能，不局限于城市地域；绿道以景观游憩为主要功能。
三者在结构上却颇为相似。生态网络、绿道、GI 的共同点为将分散、破碎的单个
元素进行整合，在系统构建上均体现了可持续发展的弹性构建思想，兼具生态、
社会、文化等多重功能。当 GI 以生态保育功能为首要目的时，便等同于生态网
络；当 GI 突出景观服务功能，其包含了大量城市公园、水体、山体等游憩资源，

并通过景观廊道进行串联，可在为人类提供游憩场所、满足人亲近自然的需求的同时有效提升景观品质、创造地方的景观特色、开发旅游业、促进社会经济的发展，GI 则等同于绿道。

2.2　理论基础

　　景观生态学是主要研究景观结果单元类型组成、空间格局及生态过程的相互作用的一门科学，是以生态学和地理学为主的交叉学科，由德国植物地理学家卡尔·特罗尔(Carl Troll)于 1939 年提出，兴起于 20 世纪 70 年代。20 世纪 80 年代，景观生态学的发展表明自然资源的保存、动植物的保护不可能仅靠自然保护区来实现。1986 年，福曼(Forman)和戈登(Godron)在 *Landscape Ecology* 一书中认为，景观生态学探讨生态系统(如林地、草地、灌丛、走廊和村庄)异质性组合的结构、功能和变化，提出景观结构和功能、生物多样性、物种流、养分再分配原理、能量流动、景观变化、景观稳定性等基本原理。1995 年，Forman 将其补充为景观与区域、斑块-廊道-基质、大型自然植被斑块、斑块形状、生态系统的相互作用、种群动态、景观抗性、粒度大小、景观变化、镶嵌系列、外部结合及必要格局 12 个方面，强调景观结构和功能对生态过程的影响，重视景观中生物群落与主要环境条件之间错综复杂的因果反馈关系，对推动生物多样性保护从物种范式向景观途径转变起着积极的作用[124]。国际景观生态学会的会章(1998 年)对景观生态学的定义是："对于不同尺度景观空间变化的研究，它包括景观异质性的生物、地理和社会的原因与系列，是一门连接自然科学和相关人类科学的交叉学科"。景观生态学的岛屿生物地理学理论，异质种群动态理论，复合种群动态理论，"斑块-廊道-基质"理论，景观连通性与渗透性理论，景观结构、功能、动态理论等，为生态网络研究奠定了坚实的理论基础。

2.2.1　岛屿生物地理学理论

　　岛屿生物地理学阐明了大面积近距离连接的斑块更有利于生物多样性保护。岛屿生物地理学的研究对象是海洋岛屿和陆桥岛屿，被广泛应用到岛屿状生境的研究中。岛屿生物地理学认为，岛屿上的物种丰富度和面积之间存在数量关系，该理论始于对海洋岛屿物种活动和生态环境变化的研究[125]。岛屿生物地理学的核心观点是孤立中心的自然栖息地生物多样性不及相互连接起来的稳定，且支撑物种的数量较少；地理上独立但相互连接的栖息地能使野生动物的种群数量更稳定，能够使它们更加自由地交换遗传物质；保持发达的或发展的连接枢纽，否则会彼此孤立。这一理论在保持物种多样性和解决生境破碎化引起的物种保护问题方面发挥着重要作用。大斑块对地下蓄水层和湖泊水面的水质有保护作用，有利于敏感物种的生存，为景观中其他组成部分提供种源，能维持更贴近自然的反生态干扰体系。小斑块可以作为物种传播及物种局部绝灭后重新定居的生境和脚踏石，能够增加景观连接度，为边缘种小型生物类群和一些稀有物种提供生境。物种数量与面积的关系可用物种-面积曲线表示(图 2-1)。物种-面积曲线公式为

$$S = CA^z \qquad\qquad (2\text{-}1)$$

式中，S——物种数量；

A——斑块面积；

C，z——常数。

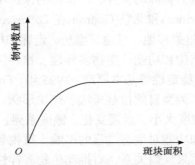

图 2-1　斑块面积与物种数量关系图

不同面积的生态斑块发挥的生态效能不同。大型植被斑块在涵养水源、维持物种数量与健康、规避干扰等方面的作用更大，更有利于维持物种多样性及生态系统的稳定性；小型斑块则不利于物种生存及物种多样性的保护。小型斑块在景观中也是不可缺少的，它是物种的临时栖息地，可以维持景观多样性，能够提高其他斑块间的连接度，俞孔坚将其称为物种迁移和传播的"脚踏石"。

2.2.2　异质种群动态理论

异质种群动态理论首次提出在两个适宜的生境之间需要构建一个资源信息交流廊道，建立斑块连接网络，使得生境斑块在群落和生态系统的水平上相互连接，更加有利于保护物种多样性。生态网络不仅强调大面积高质量斑块作为网络中心的作用，而且尤其强调网络连通性。物种很难在破碎化的景观中生存，而且自然和社会之间的冲突会阻碍自然保护。栖息地面积的减少导致可生存种群数量降低，同时增加灭绝的风险；栖息地间的扩散减少使得基因交换减少，从而使得空闲栖息地的定居率随之降低。植被和动物种群迁移均需要相互交替的生境和栖息地来满足生存要求。绝大多数动植物种群的生存空间支离破碎，需要交替生境和栖息

地来寻找更好的生存条件,从一处适合生存的栖息地迁移至另一处,必然要求这些栖息地间有所联系。动植物或是依靠自身,或是借助风水或其他物种来进行扩散和传播,扩散和传播对种群生存和生物圈功能是至关重要的。迁移属于扩散的一种,是指朝向某一特定场地的扩散,扩散的因素包括媒介和场地。连通性是一种景观特性,使动植物能够在不同的栖息地之间迁移。发生迁移扩散的地带称为廊道。该研究领域的发展促成了自然资源保护从受保护的空间层面转变至更宽广的景观管理层面。异质种群动态理论解释了廊道建立起的斑块网络会更有利于物种保护。

2.2.3 复合种群动态理论

复合种群(metapopulation)是由空间上彼此隔离、在功能上又相互联系的两个或两个以上的亚种群或局部种群组成的种群斑块系统。复合种群动态理论的原理是生境斑块的消失会减少复合种群,从而增加局部斑块内物种的灭绝概率,减缓再定居过程,导致复合种群的稳定性降低(图 2-2)。复合种群的生存环境对应于景观镶嵌体。复合种群在理论上有两个基本条件:一是亚种种群频繁地从生境斑块中消失(斑块水平的局部性绝灭);二是亚种群之间存在生物繁殖体或个体的迁入迁出(斑块间和区域性定居过程),从而使复合种群在景观水平上表现出复合稳定性[126]。影响复合种群动态的因素有很大差异,复合种群在功能方面的扩散能否实现取决于物种的需求和现有的景观结构[127]。

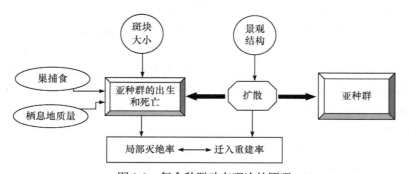

图 2-2 复合种群动态理论的原理

种群的空间结构有经典型、大陆-岛屿型、斑块型、非平衡态型和混合型五种类型[128](图 2-3)。

可以看出,除了非平衡态类型的特例外,其他各类型均存在物种在斑块之间进行交流的需求。特别是在混合型中,物种除了在一个大的生境斑块内部存在小斑块之间密切迁徙交流的情况,也存在向周边生境斑块迁徙交流的情况。

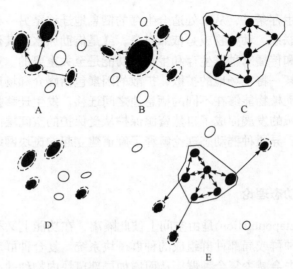

图 2-3　种群的空间结构类型

A. 经典型；B. 大陆-岛屿型；C. 斑块型；D. 非平衡态型；E. 混合型；实心椭圆表示被种群占据的生境斑块；
空心椭圆表示未被物种占据的生境斑块；虚线表示亚种群的边界；箭头表示种群扩散方向

2.2.4　"斑块-廊道-基质"理论

在景观尺度上，每一独立的景观生态元素可看作是一个斑块、廊道或基质。斑块泛指与周围环境在外貌或性质上不同，并具有一定内部均质性、具有明显边界的空间单元。景观格局中空间斑块的特征对景观功能及生态学过程有重要影响。孤立斑块内物种更易消亡，相邻斑块物种消亡的可能性较孤立斑块小。斑块形态与物质、物种、能量及各种生态过程之间有着复杂的关系。由自然过程形成的斑块常呈不规则复杂形状且较为松散，而人工斑块往往表现出较为规则的几何形状且较为紧密。根据形状和功能的一般原理，紧密型斑块容易保存能量、养分和生物；松散型斑块内部与外部环境的交互作用较强，斑块的形状变化也比较频繁，景观中斑块的数目对景观格局的生态过程有着比较大的影响。斑块作为生境或栖息地，必须充分考察斑块本身的属性，包括物种丰富性和稀有性，同时要考察其在整体景观格局中的位置和作用。物种在扩散运动中，当到达某些位置时潜在价值发挥到最大，个体为之承担风险最低，这些关键性空间位置即景观"战略点"[121]。

廊道是指景观中与相邻周边环境不同的线性或带状结构。对于不同的物质，廊道有不同的渗透率，植物和动物能够以不同的渗透率进入廊道。廊道具有过滤或阻抑功能，道路中的安全岛、河流中的小岛对其过滤或阻抑功能会产生较大影响。物质能量通过廊道进行交换，动植物可沿着廊道迁徙、繁殖、移动。廊道的功能主要受到其内部生境生态结构、廊道长度与宽度、物种多样性及生态系统发展特性等诸多因素的直接影响。廊道包括三种基本类型：线性生态廊道、带状生态廊道和河流廊道。线性生态廊道是全部由边缘种占优势的狭长条带；带状生态廊道是有较丰富内部物种的较宽条带；河流廊道是河流两侧与环境基质相区别的带状植被，又称滨水植被带或缓冲带。廊道在景观格局中起着重要的作用，主要功能包括生境、传输的通道、过滤与阻尼、能量物质和生物的源和汇等方面。

　　基质是指景观中分布地区最为广泛、相互连通性最强的背景结构。相较于另外两种景观单元，有着更高的连通性，并且控制着整体景观的连通性。面积上的巨大优势、空间上的高度连通性和衔接性、对区域景观总体动态的支配作用是识别与衡量基质的基本标准。生态网络功能与结构以景观生态学的"斑块-廊道-基质"结构为基本依据(图 2-4)，利用线性空间联系生态功能重要性较强区域，形成点线交错的网络结构。

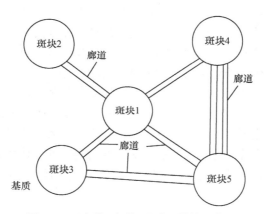

图 2-4　"斑块-廊道-基质"结构示意图

　　生态网络、绿道体系、绿色基础设施三种相近的网络体系建构基础，均在以景观生态学"斑块-廊道-基质"为基本模式的基础上，各有一定变式。例如，生态网络将部分斑块筛选为"生态源地""脚踏石"，其中生态源地的合理确定是生态网络是否科学的关键，其次是廊道的连通性与功能的有效性；GI 主要由网络中心(hubs)、连接廊道(links)和小型场地(sites)构成。对绿道而言，线性系统是关键元素。

2.2.5　景观连通性与渗透性理论

　　植物和动物种群除了需要足够数量的生境外，还需要生境斑块之间有一定的连续性。所有生态学过程在不同程度上受斑块之间距离和格局的影响。景观连通性又可称为景观连通度，用来度量物种迁移、扩散或某种生态过程在景观中的畅通程度，是景观格局和生态过程之间联系的纽带。景观连接度指景观空间结构单元之间的连续性程度。景观连通性通常涉及功能性连通和结构性连通两个方面。结构连通度指景观结构单元间的空间连续性程度，主要测定景观的结构特征，如生境斑块的大小、形状和位置，而不考虑生态过程，反映的是景观斑块在空间格局上的物理联系，多用各种指数来描述功能连通性、结构连通性。功能连通度指景观格局促进生态学过程在空间上扩展的能力[129-130]，主要基于目标媒介(动物、植物、物质或能量)在斑块间的迁移、流动等生物或生态过程。基于景观连通度与生态过程和功能之间的关系，通过改变一些景观结构组分的数量和空间配置特征，引起区域景观连通度变化，可达到影响关键生态过程和功能的目的。

景观连通度对生态学过程的影响往往表现出临界阈特征。例如，大火蔓延与森林中燃烧物质积累量和空间连续性之间的关系，生物多样性的衰减与生境破碎化程度之间的关系，以及景观中害虫种群空间扩散和外来种入侵等过程，都在不同程度上表现出临界阈特征。渗透理论及与其密切相关的相变理论就是专门研究这类现象的[131-132]。渗透性理论最突出的要点就是当媒介的密度达到某一临界密度时，渗透物突然能够从媒介材料的一端到达另一端。假设有一系列景观，其中某一物种的生境面积占景观总面积的比例从小到大各不相同。一个重要的生态学问题是生境面积增加到何时该物种的个体可以通过彼此相互连接的生境斑块从景观的一端运动到另一端，从而使景观破碎化对种群动态的影响大大降低。生物通过生态廊道进行迁徙、往返活动等行为，可以认为是生物克服破碎生境斑块的阻尼作用，突破生态阻力阈值，达成能量传递，是从阻尼到"渗透"的具体表现。

2.2.6 景观结构、功能及动态理论

伊恩·伦诺克斯·麦克哈格(Ian Lennox McHarg)在其《设计结合自然》(*Design with Nature*)[133]一书中，系统地提出了种种自然过程进行景观改变的设计思想，并在世界范围内广泛应用各种景观类型。景观代表着不同的生态过程和功能。不论景观是均相还是异相，景观中的各点位对生态过程并不是同样重要，其中一些战略性的组分及其之间的空间联系构成安全格局，对景观过程的功能有着至关重要的作用和影响。通过控制景观或区域中的关键点和局部或空间关系，在不同层次上维护、加强或控制景观中的某些过程。

景观结构会影响景观阻力的差异。生物除在巢穴活动范围内为寻找食物、躲避天敌或寻找最适宜生存环境而进行局部运动外，还会在出生地和繁衍地之间进行规律性的往返运动，也会永久性地离开巢穴，寻找新的繁衍地。显然，低阻力

可使移动轻松实现，高阻力则阻碍动物移动及扩散。生物迁移过程的难易度与源或目标之间的景观类型有很大的关系。换言之，区域内景观类型的分布对区域内潜在生态廊道的分布结构造成影响。景观分布的异质性，特别是某些阻碍性及导流性结构的存在和分布，是景观阻力产生的原因。一般而言，景观异质性越大，景观阻力越大。另外，随着跨越各种景观距离的增加，景观阻力也相应加大。对于小型动物物种来说，道路通常是不可逾越的障碍。一些动物(如两栖动物)在春天冒险穿过马路迁移到可产卵的池塘，这种迁移只有在交通不太密集的地方才可能成功，大型动物的迁移则会受到城区道路和荒地的阻碍。

　　景观结构的差异影响景观的功能差异。理想的景观之地应该是粗纹理中间杂一些细纹理，即景观中既有大的斑块又有小的斑块，两者在功能上互补。质地的粗细用景观中所有斑块的平均直径来衡量，在一个粗质地的景观中，虽然有涵养水源和保护林内物种必需的大型自然植被、大型工业农耕地和城市建成区斑块，但景观的多样性不够，依旧不利于某些需要两个生境物种的生存。相反，细纹理的景观不是林内物种必需的核心区，尽管在局部可与邻近景观形成对比而增加多样性，但在整体景观尺度上缺乏多样性，使景观趋于单调。

　　斑块动态指斑块个体本身的状态变化和斑块镶嵌体水平上的结构和功能变化，至少同时涉及两个尺度。干扰和生态演替过程常常驱使许多不同种类的斑块发生变化，进而使整个群落或景观系统的空间结构和功能发生显著变化。

　　景观结构、功能和动态的相互关系如图 2-5 所示。

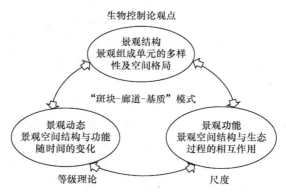

图 2-5　景观结构、功能和动态的相互关系

2.2.7　等级理论及尺度相关性

　　景观作为动态斑块的镶嵌体，在空间和时间上都表现出高度的复杂性。等级理论(hierarchy theory)是 20 世纪 60 年代以来逐渐发展形成的关于复杂系统结构、功能和动态的理论。广义上讲，等级是若干单元组成的有序系统[134]。等级系统中

每一个层次是不同亚系统或整体元组成的。每个等级的整体元相对于低层次表现出整体特性，相对于高层次则表现出从属组分的受制约特性。高层次上的生态学过程往往是大尺度、低频率、慢速度的，而低层次的过程常表现为小尺度、高频率、快速度。等级理论对景观生态学的发展有重大作用，对深入认识和解译尺度的重要性、发展多尺度景观研究方法有显著的促进与指导作用[135-136]。生态景观可以看作是不同规模生态斑块组成的多尺度镶嵌体。无论是生态源地斑块，还是生态廊道，均具有多尺度上的特征。在一个生态网络体系中，通常是那些规模较大的、生态重要性等级高的生态源地在整个生态网络体系的安全体系中起着关键的、战略性的作用。从数量上，通常符合金字塔规则，生态源地等级越高，数量越少，单个生态源地的地位越关键和重要。相应地，战略性生态源地之间的通道成为重要生态廊道，在生态网络安全格局体系中起着关键的连通作用。

2.3　生态网络关键要素及识别方法

大部分生态保护的核心区域是由传统自然保护政策确定的。人们从当代地理和生态概念中得到启示，需要将自然保护整合到土地利用政策和空间规划中。因此，随着人们认识到生境之间连通性对生物多样性保护的重要性，生态廊道逐渐成为自然保护的关键要素。通常认为，生物多样性保护的关键生境除了包括核心区域和缓冲带，生态廊道也是其重要组成部分[137]。从生态网络的视角来看，核心区域和缓冲带属于生态源地的范畴，生态廊道则是承接生态源地之间连通性的关键。生态廊道将一个个分离的生态源地关联起来，形成一个生态保护的网络体系。生态廊道的交会处、廊道的重要转折点或薄弱点、廊道之间的交点，作为临时性栖息地或避难所，称为生态节点或脚踏石。生态节点的特性、布局等对生态网络的稳定有重要的意义[138]。

生态源地、生态廊道、生态节点形成的网络体系，不仅便于物种的繁殖、觅食、迁徙、生存和发展，也是物种之间物质、能量、信息交换的重要基础。生态网络除了具有生物多样性保护的功能，还具有便于人类休闲运动、历史与文化资源保护等多方面功能与价值。从基本功能的差异视角来看，目前基本存在两种不同类型的生态网络：以重要物种保护为导向的生态网络和多功能复合生态网络。前者着重于满足目标物种的具体要求，如国际上著名的巴伐利亚州沙地廊道(Bavaria-Sand-Axis)项目。多功能复合生态网络不关注特定物种，侧重于保护或恢复自然和半自然栖息地，将生境碎片与大型自然保护区、重要自然斑块建立连接，建立有机、连贯的生态网络格局，如《上海市生态廊道体系规划》(2017—2035 年)、《珠三角地区水鸟生态廊道建设规划(2020—2025 年)》。本书所指生态网络，即着眼于复合功能的生态网络。

　　Forman 认为，一个功能完善的最优景观生态格局模式应当遵循集中与分散相结合的基本原则。这样的景观格局模式中，应该有一些大型自然植被斑块，用以涵养水源、维持关键物种的生存，即生态网络体系中的生态源地；有足够宽度和一定数目的生态廊道，用于物种的扩散及物质和能量的流动；还有小型自然植被斑块——生态节点、脚踏石，作为临时性栖息地或避难所。

　　生态源地、生态廊道、生态节点是生态网络的核心关键要素。一个功能良好的生态网络，既要有多个适宜的具有一定规模的生境斑块，又要有便于物种扩散的生态廊道，还要为物种提供扩散迁徙过程中的临栖地或避难所。生态网络的构建主要包括适宜生态源地识别、生态廊道提取、生态节点识别等内容和任务[139]。

2.3.1　生态源地识别方法

　　生态源地在空间上具有一定拓展性和连续性，能够推动景观过程发展，是物种生存和扩散的起点，是物质、能量甚至功能服务的源头或汇集处[140]，是确保区域生态安全的关键生境斑块。生态源地是生态网络体系的关键要素之一，生态源地的识别也是生态网络三要素中首先需要确定的基本要素。

　　生态源地的识别有不同的方法，如直接选取法[141]、生态适宜性分析法[142]、土地覆被指数法、形态学空间格局分析(morphological spatial pattern analysis，MSPA)法[143]等。生态源地是生态网络构建的基础，识别方法以 MSPA 与景观连通性指数结合为主；另外，粒度反推法[144]、基于不可替代性的系统保护规划(systematic conservation planning，SCP)[145]、生态系统服务价值法[146]也被运用于生态源地的识别(表 2-2)。

表 2-2　生态源地识别方法

方法	基本原理	优缺点
直接选取法	直接根据国家或当地的自然保护区名录、世界遗产名录、物种栖息地调查名录等已有的调查项目或规划目标，选取特定的规划要素，如公园等，作为中心地或源斑块	简单，但会漏掉一些重要源地
生态适宜性分析法	从生态角度对土地利用功能进行分区，是传统的适宜性评价方法，以因素叠加为特征；叠加多种影响因素综合后，土地单元适宜性的强弱等级被分列出来，适宜性强的景观单元就是中心地或源斑块	易操作
土地覆被指数法	构建一些表征土地覆被情况的指数，如景观分离指数(landscape division index，LDI)等；根据规划目标的评价原则，通过构建指数来定量分析景观单元的适宜性	把主观且定性的评价过程通过模型定量化

方法	基本原理	优缺点
形态学空间格局分析(MSPA)法	基于腐蚀、膨胀、开运算、闭运算等数学形态学原理，对栅格图像的空间格局进行度量、识别和分割的一种图像处理方法；通过分析整体景观的几何学特征，从景观几何形态学的视角判别中心地或源斑块	从像元层面辨析图像的形态学特征，精确分辨景观类型与结构
粒度反推法	根据反证法思想，先基于景观格局现状生成多种不同粒度的景观组分结构，再利用测定指标反映景观组分结构随粒度变化的特征，进而分析特征的变化，选择结构良好的生态源地	将研究区按粒度生成不同尺度网格，上推融合，划分景观组分结构
系统保护规划(SCP)	收集基础数据，在 C-plan、Maxran、Sports 等软件中运行，将结果在 ArcGIS 中转化为图形，计算不可替代指数	着眼于未来，对过去的分析不足
生态系统服务价值法	按生态系统服务价值由低到高依次划分重要性；提取生态系统服务价值极高区域作为生态源地	易计量，边界不好界定

2.3.2　生态廊道识别方法

生态廊道是指在生态环境中呈线性或带状布局、能够连接空间分布上较为孤立和分散生态单元的生态系统空间类型。在相对孤立的栖息地斑块之间建立合理的生态廊道，能够增加生态系统的连通性，从而为物种的交流和贮存提供渠道，提高物种和基因的交流速率和频率，增强种群的抗干扰能力和稳定性。潜在廊道的提取首先要构建阻力面。影响物种扩散的阻碍因素会提高物种灭绝的概率。影响扩散的主要因素是栖息地间的距离、土地利用方式、廊道及景观的屏障效应。动植物栖息地面积缩小会导致生物种群减少，从而促进物种扩散的需求。物种迁徙的路径由可进入地带组成，这些地带有助于物种在不同地区之间迁移。物种迁徙的路线多种多样，可能是从孤立的领地到小型的景观，也可能是从河流带扩展到整条河流。迁徙是很多物种过冬的先决条件，但迁徙存在着隐患。对飞行动物而言，在其迁徙中尽可能减少障碍，同时要设置提供进食、休息和避难的脚踏石地区；鱼类迁徙时，河流中不能有堤坝阻断河道，并且水质要好；对于哺乳动物和两栖动物来说，迁徙路线必须易于进入，且便于跨越人工障碍物。

在最小累积阻力面方面，生态廊道就是相邻两"源"之间的阻力低谷和最容易联系的低阻力通道。阻力面可分为显性阻力面、隐性阻力面和综合阻力面。显性阻力面从土地的利用景观类型角度来考察景观类型相应事物的风阻值，隐性阻力面主要是用来考察各种不同类型事物在地理空间关系上起的作用，综合阻力面则主要是通过把上述二者组合到一起来进行加权运算。阻力面的构建方法主要有以下几类。

（1）基于土地适宜性评价，结合专家经验，为土地利用/覆盖类型打分。①根据植被覆盖度或植物群落多样性评价土地适宜性；②选择代理物种，如蝴蝶、刺猬，通过调研文献获取其生活习性，评估土地阻力值。

（2）确定生态过程对应的距离阈值，有两种思路：①根据焦点/代理物种的习性(如摄食、筑巢、最大一次迁徙距离)来判断；②尝试不同的阈值，依据统计学原理，寻找突变点或稳定值，为网络构建提供合理阈值。

（3）采用夜间灯光数据对土地覆盖类型直接赋值。

（4）建立生态阻力因子指标体系。

从连续程度上看，生态廊道可分为两种类型：连续廊道和暂栖地。连续廊道是指线性物种扩散空间；暂栖地是指小型栖息地斑块构成的非连续性空间，一般供鸟类或小型物种迁徙、移动。从功能上，生态廊道可分为单功能廊道和多功能综合廊道，单功能廊道如带状的草地或相关生态用地等，多功能廊道如大型带状绿地、公园、农林水复合生态系统等。从形态上，生态廊道不一定是线性特征，根据其形状、结构、与核心区域的关系、提供的服务等有不同的类型[147]。

潜在生态廊道识别方法有多种，常见的有以下几种：利用最小累积阻力(MCR)模型提取最小费用路径，作为生态廊道；利用水文分析原理提取最小累积耗费距离的山谷线，作为生态廊道；采用电路理论方法，即构建景观阻力面，在 ArcGIS 中运用 Linkage Mapper 工具提取带有宽度信息的生态廊道，其本质是计算与最近源地的加权成本距离。

廊道的宽度直接或者间接地影响物种数量、分布、迁移及生态功能的发挥等。通常，在满足最小宽度的基础上，生态廊道越宽越好。太窄的廊道会对敏感物种不利，同时影响廊道过滤污染物等功能。廊道宽度还会在很大程度上影响产生边缘效应的地区，进而影响廊道中物种的分布和迁移。不同的生态过程，其边缘区域有不同的响应宽度，从数十米到数百米不等。对于许多物种来说，边缘效应是影响廊道质量和宽度最主要的因素。边缘效应虽然不能被消除，但是可以通过增加廊道的宽度来减小。此外，宽度对廊道生态功能的发挥有着重要的影响，如河流廊道达不到一定宽度就起不到水土保持作用，防护林廊道达不到一定宽度就起不到防护作用。

实际中，生态廊道宽度的决定因子很多，可以表示为函数：

$$W = f(a, v, u, c, l, \cdots) \tag{2-2}$$

式中，W——廊道的宽度；

a——保护目标(区域中某个或某些关键种)；

v——廊道植被构成情况，包括植被水平、垂直、密度、盖度、多样性等；

　　u——廊道功能，如交通运输、旅游休闲、生产防护等；

　　c——廊道周围的土地利用情况；

　　l——廊道长度。

2.3.3　生态节点识别方法

　　生态节点对于生物的扩散或移动过程有着重要影响，如生态节点能够给迁移距离较远的物种提供良好的歇息地，生态节点的建设有利于整个生态网络的循环运转。有人根据作用不同，将其称为"脚踏石""生态夹点""障碍点"等。通常，生态廊道的交点被认为是"脚踏石"，能够为物种迁移提供暂栖地；生态夹点是生物迁徙中的必经节点；生态障碍点往往是生态廊道遇到的道路等阻碍，容易给物种迁移带来障碍的点。环绕相邻源的等阻力线的相切点、与最小费用路径的交点、不同等级廊道的交点等，通常被视作生态节点[148]。生态节点的识别方法往往与生态廊道识别方法相呼应。

2.4　生态网络构建原则与理念

2.4.1　基本原则

　　借鉴欧美生态网络、绿道体系、绿色基础设施等相关规划设计经典案例，生态网络建设应该遵循以下基本原则。

　　1) 保护最大和最重要的生态源地

　　保护重要生态源地基于岛屿生物地理学理论。大型的栖息地比小型的斑块能够支持更大的生物多样性和更稳定的物种数量。重要生态源地为原生植物和动物提供栖息地、保护水质和土壤、调节气候，并执行其他重要功能。

　　2) 保持重要生态源地之间廊道的连通性

　　保持重要生态源地之间廊道的连通性基于其他核心宗旨的岛屿生物地理学。孤立自然栖息地的生物多样性不及相互连接起来的稳定，且支撑的物种数量较少。地理上独立但相互连接的栖息地能使野生动物的种群更稳定，能够使它们更加自由地交换遗传物质。

　　3) 设定适宜的廊道宽度

　　作为生境和生物传播或迁徙途径的廊道，如果达不到一定的宽度，不但起不到保护对象的作用，还会为外来物种的入侵提供条件。宽度增加有助于减少普遍存在的边缘栖息地，从而最大限度地提高适宜生境需要的许多本地物种、减少病原体的传播和外来物种的入侵。增加宽度也有利于解决物种在迁徙路线中遇到的问题。保护"跳板"可使野生动物沿中心连接线在栖息地之间迁移。

生态廊道宽度规划设计的控制要求如下[149]。

(1) 河流绿色廊道：河流植被一侧宽度至少 30m，能有效降低温度、提高生境多样性、增加河流中生物食物供应、控制水土流失和过滤污染物等。

(2) 江河防护林带：市区段防护林带宽度不小于 50m，通航河道两侧防护林带宽度不低于 50m，在有条件地段适当加宽。

(3) 道路绿色廊道：包括铁路、高速公路和城市快速路等，道路廊道一侧至少 60m，可满足动植物迁移、传播及生物多样性保护等，在有条件地段可适当加宽。

(4) 组团隔离带：根据城市空间发展布局，在组团与组团之间控制大型绿色开敞空间，并借助道路、河流等形成屏障，廊道宽度应为 60～1200m，在有条件地段可适当加宽。

(5) 生物廊道：该廊道宽度较为特殊，根据需要保护物种的不同，廊道宽度的差异较大。

此外，廊道宽度还有地域性，随地形和气候等环境因素而变化，在确定廊道宽度时应根据区域特点，参考经验数据并采用模型估算。在实际应用中，通常通过参考相应的研究结果及经验值，综合考虑各个因子的影响来确定廊道的宽度。由于不同地区的自然地理和人文地理背景有差异，一些大尺度廊道不同地段的基本类型及主要生态过程的功能会有较大差别，因此其宽度应该根据各段的具体情况来确定。

4) 提供尽可能高的生态廊道质量

廊道质量取决于地被植物的质量、廊道及其线性连续性。最严重的威胁是线性连续性的道路，应尽可能避免。野生动物经过与生态廊道相交的公路或一系列地方公路时是十分危险的，在某些情况下，修建地下隧道或增大生态廊道是比较有效的做法。生态廊道的植物成分主要由乡土植物组成，要与作为保护对象的残留斑块相近；可作为人们生产和生活的运输通道，如公路两旁的植被，无论从保护的角度，还是从经济的角度，也应以乡土植物为主，尽量减少未来植被物种，特别是对乡土植被物种和特殊环境形成较大危害的未来植物。

5) 为重要生态源地提供多样性的具有选择性的连接廊道

拓扑复杂性(连接一个以上的廊道的生态源地)为野生动物的移动、迁徙提供多个选择，从而减少系统断裂的概率。若只是单一的廊道，其地位的扰动很可能破坏整个生态网络系统的有效性。

2.4.2　基本理念

统筹城乡社会经济发展与生态保护的双重需求，通过连通性、渗透性、均衡性三大建构技术在各类空间中建立生态关联，形成结构合理、系统稳定、功能完善、空间耦合的网络化生态空间体系，引导区域生态安全格局的优化。

生态网络建构强调以"效能"为目标，基于功效视角，着眼生态空间的自身连接、生态空间向周边空间的蔓延、生态空间与整体城市的均衡布局三个层面，分别以连通性建构、渗透性建构、均衡性建构为主要技术手段，系统建构生态空间网络体系，引导生态空间优化并实现整体空间增效。

(1) 连通性建构理念。无论是传统绿地系统的"点-线-面"，还是景观生态学的"斑块-廊道-基质"，城市生态建设的关注重点一直在其空间的完善与体系化上，即生态连接。基于空间连通，生态连接对于生物多样性保护、物种迁移、环境改善及休闲游憩等多项网络效益有重要促进意义，且在当前城市生态保护与修复工作中作为一种极为关键的空间措施。连通性建构建立了生态空间自身的连接关系，是通过空间连接、邻近等空间布局措施，形成完整连续的生态空间体系，确保生态过程在不同要素间顺利进行的一种生态网络建构方式。以生态连接为核心手段，通过生态廊道的直接连通或是栖息地、生态溪沟等的间接连通，建立生态功能的有机联系以形成自身的连接系统，增强生态流(物种、能量、信息等)在生态本体内部流通、扩散和生存的能力，以提升生态空间的本体功能效益。

(2) 渗透性建构理念。生态网络与相邻区域的关联集中体现在两者空间镶嵌与功能耦合的程度上，即生态渗透。生态渗透是网络"外溢"效益发挥的关键，对改善城市绿化环境、提升景观形象、促进社会游憩及拉动经济消费等产生直接影响，且在当前强调人与自然和谐发展的过程中作为一种重要的空间措施。渗透性建构建立了生态空间与相邻地块间的镶嵌关系，是通过空间蔓延、渗透等空间措施，形成交互耦合的城市生态空间体系，增强生态与城市两大系统交融的一种生态网络建构方式。以空间镶嵌为核心手段，通过格局蔓延与形态嵌入等方式，加强生态空间与建设空间的融合，形成生态空间与周边地区的渗透系统，促进生态流在生态本体及其相邻影响区之间的交流与作用，提升生态空间的边际效益及在城市中的影响效益。

(3) 均衡性建构理念。整体城市空间是城市生态网络发挥广阔辐射效应的基质区域。这一尺度下的生态布局核心在于科学合理的空间集散与疏密关系，即生态均衡。网络密度是生态空间均匀程度与网络结构合理与否的重要衡量指标，决定着网络能在多大区域范围内发挥效应，即网络效益的"外溢"。均衡性建构建立了生态空间与区域的关系，是通过局部组团、疏密合宜、集散科学等布局措施，形成密度均衡的生态空间体系，促进生态空间合理分布的一种生态网络建构方式。以科学的生态空间分配为核心手段，差异化地应对区域空间发展需求，全面提升生态系统服务能力，促进生态空间面向区域发挥更强的影响效益与辐射效益。

三大建构理念如图 2-6 所示。

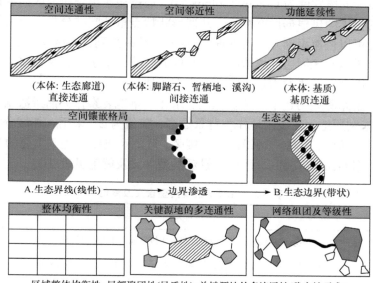

图 2-6　生态网络三大建构理念
根据文献[136]改绘

2.5　MSPA-MCR 生态网络构建流程

景观生态学家俞孔坚将 Knaapen 等提出的最小成本距离模型进行改良后引入我国,开发成为十分普遍的生态网络提取方法,提取过程由生态源地寻找、阻力面构建、廊道提取三大部分组成。本书主要采用形态学空间格局分析方法进行生态源地的筛选,采用最小成本距离模型进行生态廊道的提取,称为 MSPA-MCR方法。

2.5.1　MSPA 模型

MSPA 源于数学形态学,是结合了图论与景观生态学两者特性而构成的图像分析工具,能够针对图斑的空间位置、面积大小及形状等进行分类描述。

MSPA 模型由 Soille 和 Vogt 提出,是一种应用于识别源地和构建阻力面的偏向测度结构连通性模型,其原理是通过一系列图形学原理的图形变化,将图像进行二值腐蚀、膨胀、二值开闭运算、骨架抽取等过程,对图像进行分类、分割、识别等处理方式,分割和度量栅格图像空间格局的表现,将原本的研究区图斑分类为 7 种具有不同功能 MSPA 景观类型:核心区、孤岛、桥接区、环岛、边缘区、孔隙、支线。支撑软件为 Guidos Toolbox 3.0,通过快速识别研究区内的斑块,对二值化后的整体图斑根据形态特征、几何形状特点重新归纳分类,只需导入土地利用数据便可以快速识别并分析处理;根据分析结果找到核心区位置的速度更快,并且快速分辨核心区周边环境情况对核心区的影响,基于此,从众多生态源地中提取出完整性高且扩张潜力较大的重要生态源地。

本书在生态源地构建中,选取林地、水体、草地要素作为前景数据,赋值为1,耕地、未利用地、建设用地作为背景数据,赋值为 2,采用八邻域分析法,识别出核心区、孤岛、孔隙、边缘区、桥接区、环岛和支线 7 种不重叠的 MSPA 景观类型,依据 Gudios Toolbox 手册,景观类型含义及阈值见表 2-3。

表 2-3　MSPA 景观类型含义及阈值

景观类型	含义	阈值
核心区	生境斑块较大,可为物种提供较大栖息地,作为生态源地	17/117
孔隙	核心区和非核心区之间的过渡区域,即内部斑块边缘,具有边缘效应	5/105
孤岛	连接度较低,内部物质、能量交流和传递可能性较小,不相连的孤立、破碎小斑块	9/109
边缘区	核心区和主要非绿色景观区域之间的过渡区域	3/103
环岛	连接同一核心区的廊道,规模小,与外围自然斑块的连接度低	65/165
桥接区	连接核心区的狭长区域,对生物迁移和景观连接具有重要意义	33/133
支线	只有一端与其他景观类型相连的区域	1/101

2.5.2　核心区斑块景观连通性分析

景观连通性具有促进或阻碍物种间交流及景观元素间物质和能量的交换、评价指标衡量区域层面核心斑块连接程度的作用。基于 MSPA 计算所得的生境斑块碎片化程度较大,斑块数量较多,利用 Conefor 2.6,从反映各斑块景观连通性的可能连通性指数(PC)、斑块重要性指数(dPC)和整体连通性指数(IIC)出发,在核心区中筛选出景观连通性较好的斑块用于后续研究。公式如下:

$$PC = \frac{\sum_{i=1}^{n}\sum_{j=1}^{n}P_{ij}^{*}a_{i}a_{j}}{A_{L}^{2}} \tag{2-3}$$

$$dPC = \frac{PC - PC_{remove}}{PC} \times 100\% \tag{2-4}$$

$$IIC = \left(\sum_{i=1}^{n} \sum_{j=1}^{n} \frac{a_i a_j}{1 + nl_{ij}} \right) \Big/ A_{\mathrm{L}}^2 \qquad (2\text{-}5)$$

式中，PC——斑块可能连通性指数；

dPC——斑块重要性指数，值越大，斑块间连通性越强；

IIC——斑块整体连通性指数，越接近 1 连通性越好，越接近 0 连通性越差；

P_{ij}^{*}——斑块 i 和 j 间路径最大乘积概率，$i \neq j$；

a_i、a_j——分别为斑块 i、j 的面积；

nl_{ij}——斑块 i 和 j 间的连接数；

A_{L}——前景数据总面积；

PC$_{\mathrm{remove}}$——将斑块 i 从研究区内景观中剔除后剩余斑块的连接度指数；

n——前景数据的斑块总数。

2.5.3　生态源地识别及等级划分

生态保护红线是指在生态空间范围内具有特殊重要生态功能、必须强制性严格保护的区域，涵盖了水源涵养、生物多样性保护、水土保持、防风固沙、海岸生态稳定等生态功能重要区域，水土流失、土地沙化、石漠化等生态环境敏感脆弱区域，以及整合优化后的各类自然保护区。我国现有的基于 MSPA 方法识别生态源地的流程中，增设了将生态保护红线与 MSPA 结果进行叠加分析的环节，通过判定 MSPA 方法得到的生态源地是否落入生态保护红线，对生态源地的合理性提供判定依据。判定原理：如果落入生态保护红线，将其确定为生态源地；如果在生态保护红线之外，需要增加生态重要性再进行甄别，达到一定的门槛才能纳入生态源地范围，从而提升生态源地识别的合理性。

不同的生态源地对应不同的生态能量，即在不同的影响力下，生态源地表现是不同的。核心区是研究区相对较大的自然斑块，其部分要素对维持该区生态系统的稳定性有着至关重要的作用。结合本书的研究目的，引入生态斑块的生态能量。每一个生态斑块都具有不同的生态能量，也就是说每一个生态斑块的影响力大小是不一样的。生态能量的数值越高，说明该生态斑块的重要性越大。由于构成类型和面积大小不同，生态源地的生态重要性具有明显差异。最初的能量因子模型公式为

$$P_i = A_i N_i \qquad (2\text{-}6)$$

式中，P_i——能量因子；

A_i——第 i 块生态源地斑块的面积；

N_i——第 i 块生态源地斑块的环境脆弱性指数。

有学者根据生态源地的能量等级不同，采用归一化植被指数(NDVI)和归一化水体指数(NDWI)来描述不同生态源地的特征。

结合各个生态源地斑块面积的大小计算得出生态能量因子 Q_i，计算公式为

$$Q_i = S_i \times P_{iv} \tag{2-7}$$

式中，S_i——第 i 块生态源地斑块的面积；

P_{iv}——第 i 块生态源地斑块的第 v 个归一化指数。

使用 NDVI 与 NDWI 这两种归一化指数来描述生态斑块，v 取值为 1 和 2，P_{i1} 表示第 i 块生态源地斑块的 NDVI 均值，P_{i2} 表示第 i 块生态源地斑块的 NDWI 均值。

对能量因子作了进一步的改进，主要包括修正能量因子模型、标准化处理及生态源地等级划分三部分。

(1) 修正能量因子模型。不同的生态源地有不同的生态能量，生态源地重要性也具有明显差异。借鉴王戈等[101]的能量因子计算模型，本书增加生态源地修正系数，并用增强型植被指数(enhanced vegetation index，EVI)代替 NDVI，用改进的归一化差异水体指数(modified normalized difference water index，MNDWI)对能量因子模型进行修正，计算公式为

$$P_j = M_j A_j N_{ji} \tag{2-8}$$

式中，P_j——能量因子；

M_j——第 j 块生态源地斑块修正系数(按照生态源地斑块林地和水体占比之和的大小进行排序，参考文献[150]，对前 20%的生态源地斑块赋值为 5，前 21%~40%赋值为 3，其余赋值为 1；

A_j——第 j 块生态源地斑块的面积；

N_{ji}——第 j 块生态源地斑块的 EVI 均值，i 取 1 和 2，N_{j1} 为第 j 块生态源地斑块的 EVI 均值，N_{j2} 为第 j 块生态源地斑块的 MNDWI 均值。

EVI 和 MNDWI 均由同期的 Landsat 影像计算获取，公式为

$$\text{EVI} = 2.5 \times \frac{\rho_{\text{NIR}} - \rho_{\text{RED}}}{\rho_{\text{NIR}} + 6.0\rho_{\text{RED}} - 7.5\rho_{\text{BLUE}} + 1} \tag{2-9}$$

$$\text{MNDWI} = \frac{\rho_{\text{GREEN}} - \rho_{\text{MIR}}}{\rho_{\text{GREEN}} + \rho_{\text{MIR}}} \tag{2-10}$$

式中，EVI——增强型植被指数；

ρ_{NIR}、ρ_{RED} 和 ρ_{BLUE}——近红外波段、红光波段和蓝光波段的反射率；

MNDWI——改进的归一化差异水体指数；

ρ_{GREEN}——绿光波段的反射率；

ρ_{MIR}——中红外波段的反射率。

(2) 能量因子标准化方法。为消除量纲的影响，采用极大值法对能量因子进行标准化处理，将能量因子处理到 0～1，公式为

$$P' = \frac{P}{P_{\max}} \tag{2-11}$$

式中，P'——标准化能量因子；

P——能量因子；

$P_{\max}$——能量因子最大值。

(3) 生态源地等级划分方法。生态源地的能量因子不同，在生态网络中的影响力不同。本书拟采用等间距法对这种差异进行分级处理，标准化能量因子在 0.71～1.00 的划分为一级源地，在 0.31～0.70 的划分为二级源地，在 0～0.30 的划分为三级源地。

2.5.4　MCR 生态廊道识别及等级划分

阻力因素大致可以分为三类：第一类是自然因素，主要包括高程、坡度等；第二类是社会经济因素，如与铁路距离、与其他道路距离、与煤矿区距离等；第三类是综合因素，如土地利用/覆盖类型、景观类型等。土地利用类型差异会产生不同的阻力值，大多数关于生态网络构建的研究将土地利用类型加入阻力面的构建中。生态功能较好的土地利用类型有林地、草地、水体等，其阻力值必然会小于建设用地的阻力值；建设用地是人类活动的主要区域，受到的人为影响较大，物种在迁移过程中受到的阻力也会比较大。不同的研究区域有不同的特点，阻力因子的大小需要根据研究区域内的实际情况及研究目的来确定。例如，银川市城区以平原为主，海拔相差较小，银川市城区海拔高差仅为 187m，随着高程的升高，其阻力值变大。银川市城区高程相差较小且地形起伏几乎可忽略不计，对物种迁移影响不大，因此高程在阻力面构建权重赋值较小且剔除阻力面构建中的坡度因素。

MCR 模型通过构造生态阻力面来计算生态廊道及节点，并能够优化城市生态网络及生态斑块连通性，通过计算斑块中源到目标之间不同路径的最小阻力值来确定物种迁移过程中最佳及最小阻力路径，表示为

$$V_{\text{MCR}} = f_{\min} \sum_{j=n}^{i=m} (D_{ij} \times R_i) \tag{2-12}$$

式中，V_{MCR}——最小累积阻力模型；

$f_{\min}$——MCR 与 D_{ij} 和 R_i 之间的函数；

D_{ij}——生态源地 j 到土地单元 i 的曼哈顿距离；

R_i——物种穿越某景观表面 i 的阻力值大小。

由于研究尺度和研究区不同，阻力面因子选择和权重赋值各有差异，具体各阻力因子权重详见后面章节。在不适合生存的栖息地内，动物种群仅能够移动一段有限的距离，这段有限的距离等同于欧几里得距离(直线距离)乘以阻力系数。依据 MSPA 的结果，地表土地类型的选取按照可以量化和选取的标准，作为阻力因子的要素有与水体距离、土地利用类型、与道路距离和高程。阻力成本计算时采用 30m×30m 的栅格，计算得出综合阻力面。

重力模型，又称为引力模型，是判断潜在生态廊道重要性及保护优先级的重要依据，相互作用引力越大，生态廊道的重要性越大，反之越小。重力模型在生态学领域模拟物理学中的万有引力定律，即在进行生态源地分析时，可以将重力模型形容为不同生态源地斑块之间相互作用的大小，用重力指数来判断研究区 1、2、3 层生态源地间对应生态廊道的重要性，相互作用的强度或者值越大，说明生态廊道的重要性越大。

学界通常基于生态源地斑块面积计算不同生态斑块间可能存在的重要生态廊道路径。本书基于生态源地的能量因子对引力模型进行修正，修正后的公式为

$$F = G_{ij} = \frac{P_i' P_j'}{R_{ij}^2} = \frac{\frac{P_i}{P_{\max}} \times \frac{P_j}{P_{\max}}}{\left(\frac{L_{ij}}{L_{\max}}\right)^2} \tag{2-13}$$

式中，G_{ij}——生态源地斑块 i、j 间的相互作用力；

P_i'、P_j'——生态源地斑块 i、j 的标准化能量因子；

P_i、P_j——生态源地斑块 i、j 的能量因子；

$P_{\max}$——能量因子最大值；

R_{ij}——生态源地斑块 i、j 之间潜在生态廊道的阻力值；

L_{ij}——生态源地斑块 i、j 之间潜在生态廊道的累积阻力值；

$L_{\max}$——生态源地斑块间潜在生态廊道的累积阻力最大值。

2.5.5　生态节点识别

本书主要采用 MCR 方法识别生态廊道，用生态廊道之间的交点作为生态节点。生态节点对研究区生态网络结构的优化起到辅助作用，其数量和面积会影响生态廊道内生物迁移周期的长度，分布情况对生态网络结构的稳定性及循环都会

产生影响，是生态网络优化的基础要素。采用 ArcGIS 水文分析提取 DEM 中的山谷线，作为除生态廊道外的低阻力路线；通过填洼、流向分析等提取山脊线，潜在生态廊道与山脊线相交得到的交叉点经手动校准后即为生态节点。

　　随着社会迅速发展，交通网络日趋完善，交通道路分布会影响廊道内生物迁徙及物质流、生态流的正常循环，造成阻尼，严重影响人与自然的和谐相处。通过将主要交通廊道与潜在生态廊道相交，识别生态断裂点。

2.5.6　技术路线

　　生态网络构建与优化研究的技术路线如图 2-7 所示。

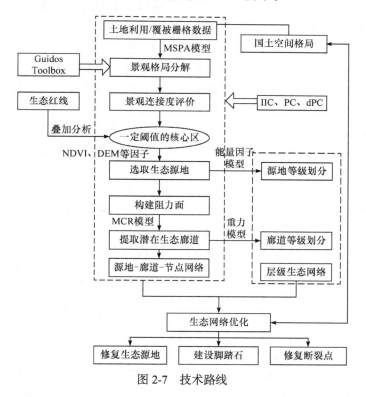

图 2-7　技术路线

2.6　生态网络评价方法及优化策略

2.6.1　生态网络连通性评价方法

　　生态网络连通性的评价方法，通常有以下几种。

(1) 基于调查的实证分析方法：Pressey 等[151]通过观察物种在研究区内出现的概率，来判断物种选择某斑块作为适宜生境的可能性大小，评价网络的生态功能。该方法没有考虑景观要素的空间联系，所以不适宜评价存在异质种群动态景观的生态网络。虽然 Hanski[152]在应用该方法过程中考虑了景观要素的空间联系，但不适于评价破碎化特别严重的景观类型。

(2) 景观格局指数法：景观格局指数高度浓缩景观格局信息，反映区域景观结构组成及要素空间配置等特征，通过计算景观指数来获取景观特征状况。Cook 等[153]探讨了如何将景观指数应用于城市生态网络评价，主要针对不同类型指标，包括斑块指数、廊道指数和基质指数现状，根据综合指数分析提出合理的优化对策。该方法不仅可以评价景观格局现状，还可以用来评价将要规划建设的生态网络结构，但该指数只考虑景观空间结构特征，生态学意义不足。

(3) 网络结构-重力模型法：网络结构中常用的连通性评价指数包括网络闭合度(α指数)、线点率(β指数)、网络连通性指数(γ指数)。这些指数揭示了生态景观空间结构中生态源地与生态廊道连接数量的关系，可反映生态结构的复杂程度和生态效能，数值越大，生态廊道的连通性越好，发挥的生态效益就越好[154]。网络结构指数常借助图论方法，将景观要素从完全真实的复杂状态简化为抽象的点-线图形，使网络结构更加清晰，使定量分析成为可能。其单独使用的情况较少，通常与重力模型或其他指数方法结合使用。

(4) 基于景观图论的连通性指数法：Pascual-Hortal 等[155]结合景观生态分析的特点，提出了整体连通性指数(IIC)、可能性连通性指数(PC)、等效连通性指数(EC)等新算法指标，将生境的异质性信息(如面积大小、保有物种丰富度等)整合到图论算法中，更准确地衡量生态网络连通性；同时，可以计算景观要素在网络连接中的贡献值，确定优先考虑的关键斑块和连接，最大化去除要素冗余，以相对较少的生态用地总量来达到较优的景观生态功能。

(5) 网络结构连通性指数方法：该方法是较常用的网络稳定性评价方法。杨志广等[72]对广州市优化前后的生态网络结构进行了评价。沈钦炜等[86]利用网络分析法与电流理论分别对佛山市生态网络的结构性和功能性进行了评价。陈剑阳等[156]对环太湖复合型生态网络进行了评价。陈春娣等[107]基于图论理论的网络整体连通性指数(IIC)等新指标及算法，对基督城网络连接重要性进行了评价。王越等[150]、张蕾等[157]发现，图论技术中的成本比参数可以较为科学地衡量选取源地时具体的距离阈值，还可以用来量化构建生态网络过程中的成本，并从侧面反映构建生态网络的可行性。吴榛等[109]选取形状指标及分维数对斑块节点进行分析，基于重力模型对斑块间相互作用力强弱进行了分析，用廊道曲度定量分析斑块间廊道结构、物种移动速度和廊道合理性，并对扬州市生态网络进行了评价[158]。杜洋[159]认为，评价复杂生态网络特征主要通过点与边的评价来进行，基于点度、中介度、紧密度、特征向量度对延河流域乡村生态空间网络进行了评价。

本书采用以下方法进行生态网络连通性评价。

网络结构连通性指数一般有三个，分别是网络闭合度(α指数)、线点率(β指数)、连通性指数(γ指数)。评价斑块连通性，从而了解地区生态建设系中生态源地与生态廊道的关联性及生态网络系统的复杂化程度，评估指标数据越大，生态廊道连通性越大，反之越小。公式如下：

$$\alpha 指数 = \frac{L - V + 1}{2V - 5} \tag{2-14}$$

$$\beta 指数 = \frac{L}{V} \tag{2-15}$$

$$\gamma 指数 = \frac{L}{3(V - 2)} \tag{2-16}$$

式中，L——网络中廊道的数目；

V——网络中抽象出来的生态节点个数。

α 指数取值为 0~1。网络不存在回路时，α 指数=0；网络中已经达到最大回路数目时，α 指数=1。网络的复杂性会随着β指数而发生变化。β 指数为 0 时，网络不存在；β 指数大于 1 时，网络复杂程度高。网络中只存在孤立的点时，γ 指数为 0；反之，节点之间完全相互连接，γ 指数为 1。

2.6.2　生态网络优化策略

生态网络优化是在构建的生态网络基础上，通过对网络连通性进行评价，基于评价结果，提出相应的优化思路。从生态源地修复、断裂点修复、脚踏石布设等方面进行生态网络优化。

生态源地修复方面，主要针对生态源地存在的问题开展，有针对性地对植被覆盖情况、水环境、土壤环境等方面进行修复与治理。

生态节点和断裂点修复方面，主要是针对生态网络存在的生态节点、断裂点等，根据具体情况开展节点加固、断裂点连通等策略，或者根据需要布设脚踏石。

生态廊道方面，主要根据连通性情况，对易断裂廊道、干扰度较大廊道、网络空间中覆盖比较稀疏或影响网络稳定性的廊道进行加密、加固、增宽，或在生态廊道质量提升等方面进行优化。

第3章 黄河上游典型区人地系统基本特征

宁夏地处我国西北内陆地区，除了南部的泾河流域属于黄河中游地区外，其他区域均属于黄河上游地区[①]。宁夏生态环境较为脆弱，亟待加强对生态环境的保护，建立和完善山水林田湖草沙要素一体化的生态保护与修复制度。本章梳理了宁夏自然地理、人文地理、自然生态保护情况和山水林田湖草沙基本格局等。

3.1 宁夏自然地理要素特征

3.1.1 地质与地貌

宁夏位于全国地貌第一阶梯向第二阶梯的转折过渡地带，全区海拔在1000m以上，地势南高北低，阶梯状下降。受地质构造条件的控制，宁夏南部以流水侵蚀的黄土地貌为主，中部以干旱剥蚀、风蚀地貌为主，地貌格局呈现明显的南北差异。宁夏主要地形按面积占比从高到低依次为丘陵(38.0%)、平原(26.8%)、山地(15.8%)、台地(15.8%)、沙漠(1.8%)。从地质上看，既有"地槽型"和"地台型"构造，又有海相和陆相的多种沉积相古生物类型。从地貌上看，以牛首山—青龙山断裂为界，断裂以北，自西向东山地、平原、台地依次排列，平行展开，地质格局主要包括贺兰山、银川平原、灵盐台地[160]。断裂以南，分布着西华山、南华山、云雾山三列弧形山脉，并最终会聚于六盘山脉；弧形山脉间夹杂着断陷平原、黄土丘陵及各类大小不一的盆地，包括韦州平原、中卫平原、清水河平原、兴仁平原等等。山脉、断陷平原和黄土丘陵构成的圆弧状地貌格局，地形分割严重，地貌单元较多，但地貌单元面积较小，并且多为狭长的条状分布。例如，最大的清水河平原南北长近190km，东西最宽距离为12km，最窄仅为7km。宁夏山地一般为断块山，孤立地分布在丘陵地区或平原、盆地之间，如贺兰山、六盘山、罗山、南华山等(图3-1)，海拔为1700～3000m，山地面积小、落差大，山坡陡峻，流水下蚀作用强烈，山谷狭窄，切割深度一般在500～1000m，山体坡度多在20°～30°，部分地段达40°。丘陵在宁夏分布面积最大，是黄土高原的一部分，海拔一

---

① 为考虑省域尺度的完整性，本书在数据计算时包括了宁夏南部的泾河流域，这部分属于黄河中游地区。

般为 1700～2100m。丘陵地区的河谷阶地、河谷平原地形相对平坦，有较丰富的地表水和地下水资源。

图 3-1 宁夏地形地貌分布图

3.1.2 土壤与水文

在土壤形成过程中，有机质累积、碳酸钙淋溶与淀积、盐化与碱化、氧化与还原、熟化等过程具有重要作用，决定着土壤的类型、分布和特点。宁夏土壤类型空间分布见图 3-2。宁夏水平地带性土壤有黑垆土、灰钙土和灰漠土，自南向北分布。黑垆土分为普通黑垆土、侵蚀黑垆土，前者大多为农业区土壤，后者为地带性土壤，侵蚀明显。灰钙土主要分为普通灰钙土和淡灰钙土，在宁夏中部分布居多[161]。山地土壤主要是灰褐土，在贺兰山与六盘山呈现垂直变化：灰褐土主要分为山地灰褐土和石灰性灰褐土，在六盘山山地和贺兰山山地分布较多。人为土(灌淤土)主要是在人为因素作用下形成的熟化程度较高的土壤，分布于宁夏平原引黄灌区。由于长期灌溉，宁夏北部灌区等地发育了灌淤土，在贺兰、平罗、银川等地居多。贺兰山与西干渠之间主要为灰钙土、草甸土和灰褐土等，东部冲积平原主要为长期引黄灌溉淤积和耕作交替形成的灌淤土。灌淤土土质适中，理化性好，有机质含量高，保水保肥适种性广。水土流失严重的区域多为黄绵土，集中分布在宁夏南部的黄土高原、盐池、同心和海原县[162]。由于北部三面环沙，还有少量的风沙土和龟裂土。

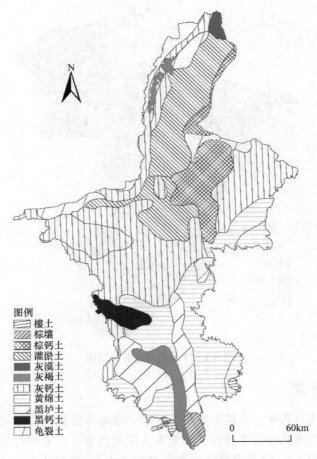

图 3-2　宁夏土壤类型空间分布图

图例
▨ 楼土
▧ 棕壤
▩ 棕钙土
▨ 灌淤土
▨ 灰漠土
▨ 灰褐土
▥ 灰钙土
☐ 黄绵土
☐ 黑垆土
■ 黑钙土
▤ 龟裂土

0　　　60km

宁夏是我国水资源最少的省级行政区，降水量十分稀少，南北分布不均。全域水系主要由清水河水系、祖厉河水系、葫芦河水系、泾河水系和苦水河水系组成，主要河流有黄河干流和支流。境内黄河及其各级支流中(图 3-3)，流域面积>10000km² 的仅有黄河和清水河两条，黄河干流自中卫市南长滩入境，流经卫宁灌区到青铜峡水库，出库入青铜峡灌区至石嘴山市出境。清水河是宁夏汇入黄河的最大支流，发源于固原市原州区，集水面积 14481km²(宁夏境内 13511km²)，河川径流量占 19.9%，干流河长 320.2km，流经原州、西吉、同心、海原、中卫、中宁 6 县(市、区)，在中宁县汇入黄河。苦水河是直接入黄的另一支流，集水面积 5218km²(宁夏境内 4942km²)，干流河长 223.8km，河川径流量占 1.5%，流经盐池、同心、灵武、利通四县(市、区)，于灵武市汇入黄河。大部分水源集中分布在北部灌区，中部干旱高原和丘陵地区缺水最严重，不仅地表水少，而且含盐量高。大部分属于苦水或地下水埋藏较深，灌溉利用价值较低。南部山区植被覆盖度高，河系较为发达，降水相对较多，如泾源县 2020 年降水量 669.4mm，远超其他县市。

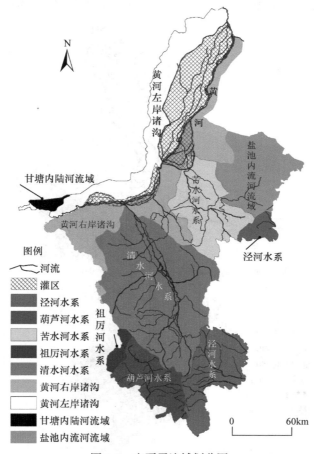

图 3-3　宁夏子流域划分图

　　整体上宁夏水系由黄河干流和支流向全域分散。黄河流经宁夏，形成卫宁灌区和青铜峡灌区，有效促进了北部和西部地区水资源利用。中部地区年径流深较低；北部围绕贺兰山年径流深在 10～30mm，涵养水源功能较好；南部水系数量较多且分布集中，河川径流量较大，且南部山区年径流深大于 40mm，尤其六盘山地区大于 100mm，涵养水源功能强，水资源充足，生态服务效果更好(图 3-4)。银川平原支流众多，湖泊湿地集中，主要有镇朔湖、鸣翠湖、星海湖、沙湖、阅海湖、西湖和七子连湖等；中部干旱带水系相对较少，湖泊湿地相对较少，主要为天湖和哈巴湖；南部地区支流众多，地势较高，湖泊湿地较少。整体上宁夏主要湖泊湿地围绕着黄河周围，随着径流深的增加，湖泊湿地面积逐渐变大。水利工程主要分布在北部和南部。北部地区以卫宁灌区和青铜峡灌区为主，建有青铜峡水电站，同时渠道分布较多，有利于水资源灌溉；南部地区水库分布较多且集中，可有效发挥涵养水源功能；东部地区水利工程建设较少，需要进一步加强建

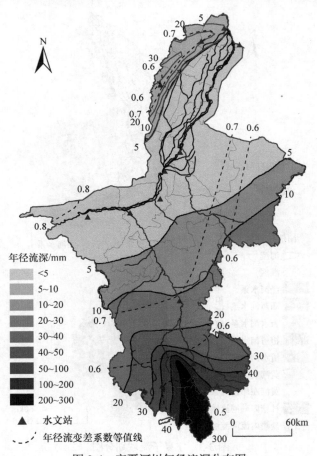

年径流深/mm
- <5
- 5~10
- 10~20
- 20~30
- 30~40
- 40~50
- 50~100
- 100~200
- 200~300

▲ 水文站

-·-· 年径流变差系数等值线

图 3-4　宁夏河川年径流深分布图

设。整体上宁夏水利工程围绕引黄灌溉和涵养水源开展，有效促进全域水资源的合理分配和利用。

3.1.3　林-草-沙格局

宁夏植被覆盖度低[163]，森林面积小，覆盖度仅为 4.9%[164]，在六盘山、贺兰山、罗山等自然保护区分布较多。2020 年，林地面积为 7.66×10⁶hm²，草地面积为 2.08×10⁶hm²。近年来，宁夏不断加大生态保护和修复力度，植被恢复成效显著。宁夏林地密度如图 3-5 所示。2000 年，林地呈带状与点状分布。带状分布区主要在北部贺兰山、中东部灵盐台地、南部六盘山等区域；点状分布范围则较为零散，在各个县(市、区)都有分布，但在沙坡头、红寺堡、同心分布较多。相比 2000 年林地的点带状分布状态，2020 年呈现出大范围扩张的趋势。从分布范围来看，林地在东南部地区呈片状趋势扩张，在北部地区扩张较为明显；从林地密度来看，贺兰山区、灵盐台地、红寺堡、海原、彭阳及六盘山区有所提高，这主要得益于宁夏南部实施生态保护修复工程和贯彻退耕还林(草)政策。

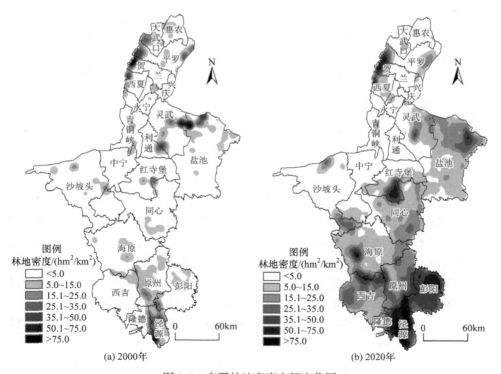

(a) 2000年　　　　　　　(b) 2020年

图 3-5　宁夏林地密度空间变化图

　　宁夏地处干旱半干旱气候类型区，草地分布广泛，草地密度如图 3-6 所示。2000 年，草地密度在贺兰山沿山带、沙坡头中南部、红寺堡、灵武及南部黄土丘陵区较高。宁夏中部干旱带西北部靠近腾格里沙漠，东部为毛乌素沙地，因此银川平原北部引黄灌区西部的贺兰山山前平原区域、沙坡头北部、中宁中部、同心中南部及盐池东部的鄂尔多斯台地边缘地区草地密度较低。

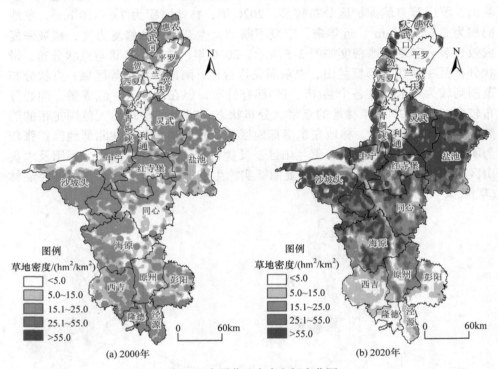

(a) 2000年　　　　　　　　　　　　(b) 2020年

图 3-6　宁夏草地密度空间变化图

　　2000～2020 年，宁夏草地密度空间分布变化显著。在宁夏中部的灵武、盐池、中宁、沙坡头、同心、红寺堡及海原 7 个县(市、区)的草地密度增加明显，这主要得益于实施草地生态修复；部分区域草地密度有所减少，主要分散在宁夏北部的石嘴山地区，银川市主城区及南部山区的西吉、隆德、泾源与彭阳。

　　宁夏地处我国西北农牧交错带，被腾格里沙漠、乌兰布和沙漠、毛乌素沙漠包围，生态、经济环境极为脆弱，是我国荒漠化危害最为严重的省级行政区之一。60 多年前，被誉为"治沙魔方"的麦草方格在这里应用，确保了我国首条沙漠铁路——包兰铁路的畅通，并成为我国最早向世界输出的治沙方案。宁夏的防沙治沙工作成效显著，到了 2000 年，宁夏沙漠主要分布在宁夏中部和北部地区，如沙坡头、利通、红寺堡、青铜峡、盐池、西夏、灵武等市(县、区)，以及黄河东岸区域。戈壁主要集中在贺兰山东麓(图 3-7)。贺兰山为石质沙地,土地瘠薄,多岩石裸露,植被类型较简单,植被覆盖度低,分布较多戈壁。几十年来,宁夏进一步加强生态环境治理工作,实行了植树造林、生态封育、防沙治沙等"组合拳",宁夏境内的土地沙漠化得到有效治理。2020 年,沙地面积锐减,黄河东岸沙地和盐池、灵武的沙地面积锐减,流动沙丘消失,为宁夏生态环境的改善作出了重要贡献。

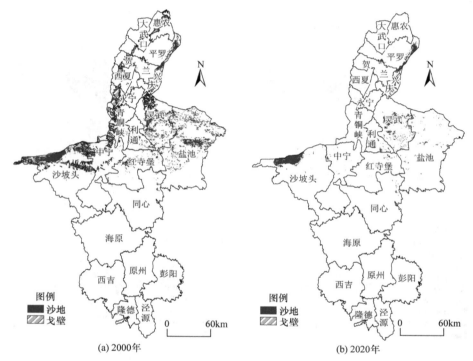

(a) 2000年   (b) 2020年

图 3-7 宁夏沙地戈壁空间变化图

3.2 宁夏人文地理要素特征

3.2.1 人口分布特征及变化

宁夏人口总体北部多于南部多于中部,空间分布差异明显(图 3-8)。2000 年,宁夏的人口在宁夏首府银川有很高的集聚度。大武口人口分布也较多,该时间段该区域煤炭产业发展较好,大批工人在此工作。宁夏中部为干旱带,自然环境较为恶劣,盐池等中部区县人口较少。2020 年,城市区域特别是首府银川的人口空间集聚度进一步提升,人口分布较少的仍为盐池,人口空间分布特征同样表现为北部多于南部多于中部。2000~2020 年，宁夏人口密度得到一定程度的提升，以首府银川为中心的北部大部分地区人口密度提升，如惠农、贺兰、永宁等，中部人口较其他地方少，但红寺堡、同心人口密度均有一定程度的提升。大武口和南部人口有一定程度的流失。随着煤炭资源的开发殆尽，大武口人口表现为向外迁移；隆德、泾源、彭阳在南部山区周围，较多年轻人口选择外出求学、务工。

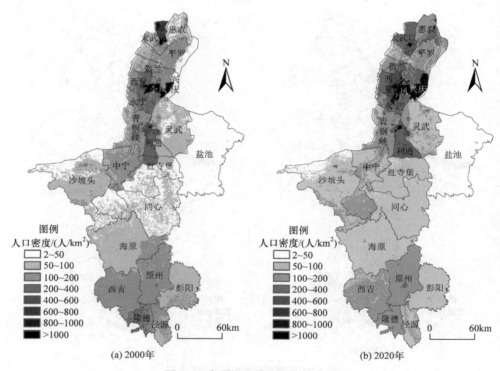

图 3-8   宁夏人口密度空间变化图

3.2.2   农田分布特征及变化

宁夏农业生产资源优越性显著，共有灌溉水田面积 18.6 万 hm^2，水浇地面积 33.3 万 hm^2，旱地面积 78.4 万 hm^2。2000~2020 年，灌区面积大幅增加。2000 年水浇地主要沿地势平坦、土壤肥沃的北部黄河冲积平原引黄灌区分布，在银川与石嘴山分布更加集聚，沙坡头与中宁分布较为聚集，在同心有较少的水浇地，其他地区的水浇地很少。相比之下，2020 年的水浇地分布更加广泛，以 2000 年水浇地的分布为基础，2020 年的水浇地在宁夏扩张明显，但主要聚集地依然在宁夏北部的银川平原，中宁与青铜峡连接，利通扩张最为显著，东向灵武扩张，南与红寺堡连接。宁夏中部地区主要表现为带状延伸趋势：同心的水浇地呈现带状延长趋势，北边与沙坡头、中宁及红寺堡连接，南向海原、原州延伸。宁夏东部与南部地区的水浇地主要呈现点状扩散状态，如西吉与隆德的接壤处、彭阳、盐池(图 3-9)。

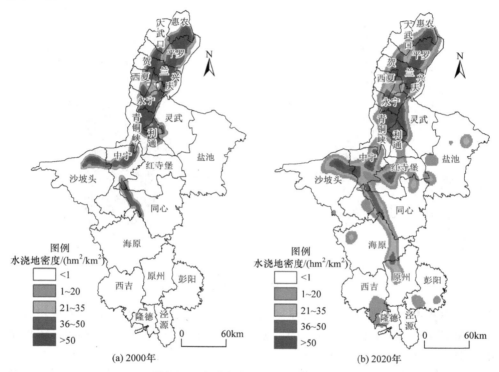

图 3-9　宁夏水浇地密度空间变化图

旱作农业为全区粮食连年丰收提供重要支撑，与灌区面积增加相呼应，旱地面积有一定缩减。宁夏旱作农业区域总面积 4.85 万 km²，占全区国土总面积的73%；旱作耕地面积 940 万亩(1 亩 ≈ 666.67m²)，占旱作区总耕地面积的 57%。宁夏的旱地总体上分布于中部干旱带和南部的黄土丘陵地区，尤其是隆德、泾源、彭阳、海原、西吉、盐池、同心、原州这 8 个县(区)的旱地密度较大，旱地在南部地区集聚性更强。相比 2000 年宁夏的旱地分布情况，2020 年旱地在宁夏北部发展区分布范围缩减，尤其是石嘴山与银川缩减明显，在南部山区的聚集性有所增加(图 3-10)。旱地的分布状况与宁夏的气候变化联系紧密，南部多山地丘陵且坡度较大，地表蒸发量较小，适宜种植旱生作物。

受降水稀少、蒸发量大的干旱气候特征影响，旱灾是使旱作农业减产的重要自然灾害类型。宁夏通过加快覆膜保墒旱作农业、高效节水农业技术示范推广，

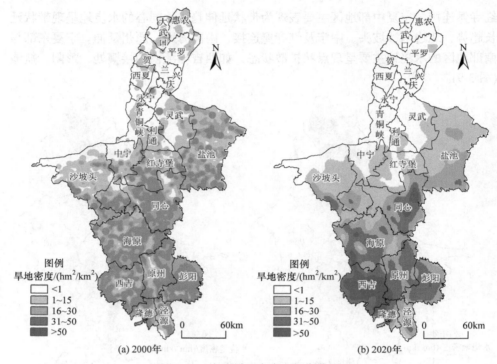

图 3-10　宁夏旱地密度空间变化图

加强农用残膜回收利用，为稳定全区粮食产能、优化供给结构、促进农民增收、助力脱贫攻坚提供了有力支撑。为了进一步提升抗旱能力，需要根据山区旱地土壤类型，建设一批耕地质量保护与提升示范区，集成推广土壤改良、地力培肥、治理修复综合技术模式，集中投入、连片建设、示范带动，提升耕地质量。坚持不懈加强旱作农田建设，加快梯田机修，使适宜建设梯田的坡地尽早全部实现梯田化，为发展现代旱作农业打好基础。

　　2000~2020 年宁夏的园地面积大幅扩张，园地由散点状向集中连片带状分布格局转变。2000 年，园地主要呈现点状零散分布状态，盐池、海原、原州、沙坡头、灵武及西夏的园地较多。2020 年，园地扩张到 75.60 万亩，从北向西南方向延伸，主要分布在贺兰山东麓冲积平原、北部黄河冲积平原及中部台地丘陵地区，尤其在银川城区、青铜峡、利通、沙坡头与中宁扩张明显，同心、红寺堡与海原的园地密度增加幅度较小，盐池的园地面积有所缩减(图 3-11)。近年来，宁夏在灌区大力发展农业特色产业，特别是枸杞产业和葡萄产业。从2020 年宁夏园地密度可以看出，园地密度的增加区域与贺兰山东麓葡萄长廊、宁夏枸杞种植带的范围高度重合，说明特色农业产业的发展极大地促进了园地的扩张。

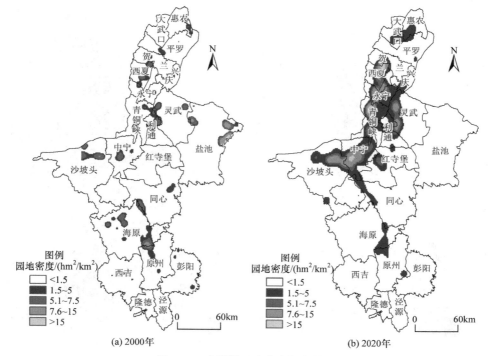

(a) 2000年　　　　　　　　　　(b) 2020年

图 3-11　宁夏园地密度空间变化图

3.2.3　聚落分布特征及变化

城乡聚落包括城镇和乡村聚落，影响和制约城乡聚落发展的因素除社会物质生产方式(根本要素)外，还包括地理位置、区域经济基础、历史过程及本身的建设条件等因素。2000 年和 2020 年宁夏城乡聚落均表现为北部密度较高，中部和南部偏低，20 年间城乡聚落密度得到较大提升，且 2020 年高密度区域沿河流分布。

从城乡聚落密度的分布来看，2000 年城乡聚落主要集中在北部的沿黄经济带上，且在各市市区密度高，如兴庆、利通等；中部地处干旱带，比北部和南部城乡聚落密度低，主要集中在同心和盐池周围；南部城乡聚落密度居中，主要以区县为中心分布。2020 年，随着沿黄经济带如火如荼地发展，北部城乡聚落密度进一步升高且高密度范围进一步扩大；随着经济发展和生态建设，中部的同心、海原、盐池、红寺堡城乡聚落密度得到较大提升；南部城乡聚落密度有一定提升，随经济和旅游发展，原州城乡聚落密度得到较大提升，南部各县城乡聚落密度均得到提升(图 3-12)。

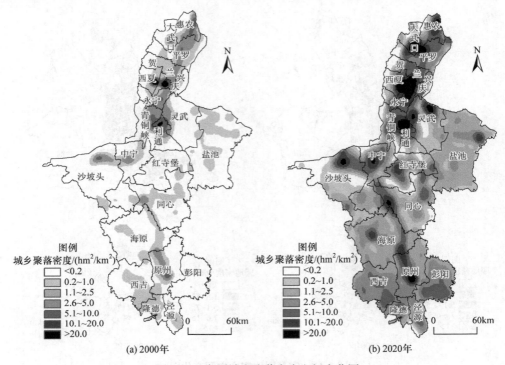

(a) 2000年   (b) 2020年

图 3-12　宁夏城乡聚落密度空间变化图

3.2.4　经济格局特征及变化

改革开放以来，宁夏经济社会发展取得了巨大成就，综合实力大幅提升，经济运行保持总体平稳、稳中有进的发展态势，产业结构优化升级，新兴动能加快成长，质量效益持续提升，民生福祉不断增进。2020 年，宁夏国内生产总值为 3920.55 亿元，比上年增长 3.9%。"十三五"结束时，全区 9 个贫困县全部脱帽，1100 个贫困村全部出列，62.4 万农村贫困人口按现行标准脱贫[165]。2000 年，银川市的兴庆、西夏、金凤和石嘴山市的大武口、惠农 GDP 处于较高水平，利通和青铜峡次之，其他区县 GDP 水平较低。2020 年，银川市三区的 GDP 处于较高水平且高 GDP 水平的面积增大；石嘴山市两区部分区域的 GDP 仍处于高水平，GDP 的高水平区域没有扩大，但石嘴山市 GDP 水平均得到一定程度的提升。灵武由于宁东基地的存在，产业得到较大发展，GDP 水平得到较大提升，利通、沙坡头、中宁、原州在枸杞产业和旅游产业的带动下，GDP 水平均得到一定程度的提升。2000 年和 2020 年 GDP 均表现为北部市区水平高，南部次之，中部偏低，宁夏全区 GDP 水平均得到一定程度的提升，北部提升较多(图 3-13)。

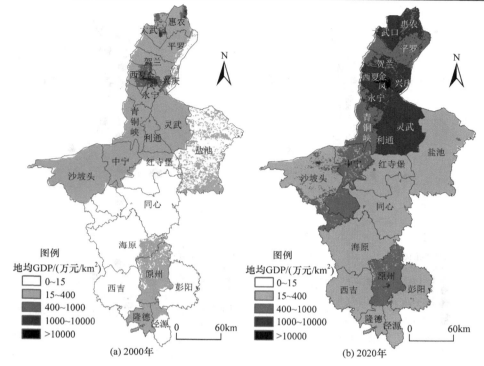

(a) 2000年

(b) 2020年

图 3-13　宁夏 GDP 空间变化图

2000～2020 年，宁夏农业年产值得到较大提升。2000 年，农业产值总体处于中等及偏低水平，低产值区有大武口、盐池、红寺堡、泾源，大武口 2000 年煤矿产业发达，农业占比较低，盐池和红寺堡为干旱沙漠区，农业发展困难；偏低产值区主要分布在中部和南部；中等产值区主要分布在北部引黄灌区平原上，银川素有"塞上江南"美称，地形、气候较其他地方更适宜发展农业。2020 年，宁夏农业产值基本处于中等及以上水平；偏高产值区占比较大，在北部、中部、南部均有分布；高产值区主要分布在宁夏的西部和南部。2000 年较 2020 年宁夏农业产值有较大提升，均表现为北部高于南部高于中部(图 3-14)。

2000 年，宁夏牧业产值为中等及以下，中等产值区主要分布在北部的吴忠市和中卫市；偏低产值区主要分布在银川和盐池；中部大部分区域和南部处于低产值区。2020 年，牧业产值处于较高水平，全区大部分区域均处于较高产值及以上；中等产值区有惠农、泾源、隆德、红寺堡，无偏低产值区。大武口 2000 年与 2020 年均处于低值区，该区域以前为采矿区，近几年主要进行生态修复，牧业发展较少。2000～2020 年，宁夏牧业产值得到较大提升，从早期集中在北部转为全区均衡发展的基本格局(图 3-15)[166]。

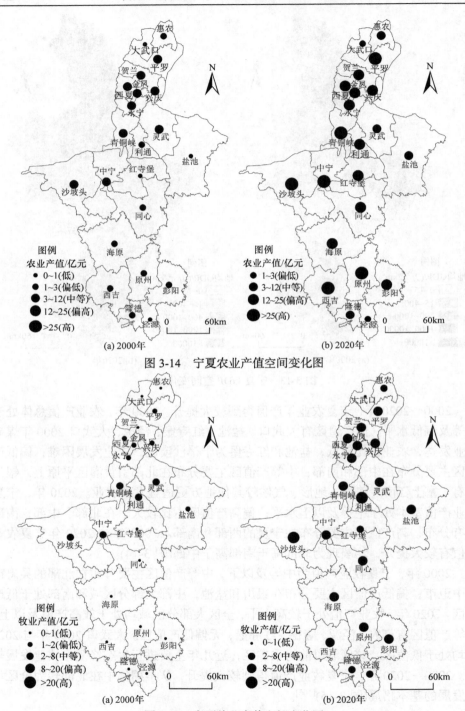

图 3-14 宁夏农业产值空间变化图

图 3-15 宁夏牧业产值空间变化图

3.3　宁夏自然保护区及生物多样性

3.3.1　自然保护区

宁夏自然保护地类型丰富,截至 2018 年底,宁夏共有自然保护地 125 个,其中归口宁夏回族自治区林业和草原局管理的自然保护地 67 个,包括自然保护区 14 个(表 3-1),风景名胜区 4 个,地质公园 4 个,国家级矿山公园 1 个,森林公园 11 个,湿地公园 24 个,国家级沙漠公园 4 个,国家级沙化土地封禁区 5 个[①]。石峡沟泥盆系剖面系地质剖面及古生物群保护区,本书不作专门介绍。

表 3-1　宁夏自然保护区一览表

序号	名称	级别	面积/hm²	主要保护对象
宁 01	宁夏贺兰山	国家级	193536	森林生态系统、野生动植物资源
宁 02	灵武白芨滩	国家级	74843	天然柠条母树林及沙生植被
宁 03	沙湖	自治区级	4366.62	湿地生态系统及珍禽
宁 04	哈巴湖	国家级	84000	荒漠生态系统、湿地生态系统
宁 05	宁夏罗山	国家级	199614	珍稀野生动植物及森林生态系统
宁 06	青铜峡库区	自治区级	17492.81	湿地生态系统
宁 07	火石寨	国家级	9795	地质遗迹、野生动植物
宁 08	云雾山	国家级	6660	森林及野生动物
宁 09	党家岔	自治区级	4589.8	湿地生态系统及野生动植物
宁 10	六盘山	国家级	26784	水源涵养林及野生动物
宁 11	六盘山	国家级	41079	水源涵养林及野生动物
宁 12	沙坡头	国家级	14044.34	自然沙生植被及人工治沙植被
宁 13	石峡沟泥盆系剖面	自治区级	4500	泥盆系、第三系地质剖面及古生物群
宁 14	南华山	国家级	20100.5	水源涵养林、野生动植物

注:六盘山自然保护区包括宁 10 和宁 11 两个部分。

1. 宁夏贺兰山国家级自然保护区

宁夏贺兰山国家级自然保护区位于贺兰山山脉东坡的中段和北段,地跨银川

---

① http://lcj.nx.gov.cn/xwzx/zxyw/202002/t20200203_1940243.html

市永宁县、西夏区、贺兰县与石嘴山市平罗县、大武口区、惠农区，保护区总面积 193536hm²，是宁夏面积最大的自然保护区。贺兰山在动物地理区划上属于古北界中亚亚界蒙新区西部荒漠亚区和东部草原亚区的过渡地带，森林为天然次生林，针叶林占比大，树种主要是青海云杉，其次有油松、山杨、灰榆等。国家重点保护动物 40 种，其中一级保护动物有大鸨、黑鹳、高山麝等 8 种，二级保护动物有马鹿、盘羊、岩羊、蓝马鸡、雀鹰、松雀鹰等 32 种；保护区分布有昆虫 1025 种，隶属于 18 目 165 科 700 属[①]。宁夏贺兰山国家级自然保护区是全国八大生物多样性中心之一，2007～2019 年，植被覆盖度由 45%提升为 65%，森林覆盖率由12.5%增长到 14.3%。野生动物岩羊、马鹿等种群的数量不断增长，生物多样性呈明显增长态势，生态保护效果显著，生态环境明显改善。

2. 六盘山自然保护区

六盘山自然保护区地处位于宁夏南部，黄土高原西部，总面积 67863hm²，南北长 200 余千米，是宁夏三大次生林区之一。六盘山自然保护区建于 1982年，1988 年晋升为国家级自然保护区，是我国 32 个内陆生物多样性保护优先区之一。六盘山保护区内共有植物 110 科 442 属 1072 种，较 1985 年综合科考本地调查增加 284 种。其中，国家重点保护植物 3 种，分别为桃儿七、黄芪、水曲柳；六盘山特有植物 2 种，分别为六盘山棘豆、四花早熟禾；经济价值较高的资源植物 153 种，有药用价值的资源植物 69 种。六盘山保护区内共有陆生脊椎动物 25 目 62 科 273 种，较此前综合考察的 220 种增加了 53 种。其中，列入国家 I 级、II 级重点保护野生动物 57 种，分别为金钱豹、林麝、金雕、红腹锦鸡、黑鹳、胡兀鹫、勺鸡、鬣羚等；六盘山特有动物 2 种，分别为六盘山齿突蟾、六盘山蝮。无脊椎动物 13 纲 47 目 332 科 3554 种，其中，近 20 年新发现 150 种，我国新纪录 71 种，宁夏新纪录 627 种[②]。六盘山自然保护区的动物资源占宁夏动物资源的 85%以上，是构筑西北乃至全国生态屏障的重要生态廊道，被冠以"高原绿岛""天然水塔""西北种质资源基因库""野生动植物王国"等称号。

3. 沙坡头国家级自然保护区

沙坡头自然保护区，位于中卫市西部，腾格里沙漠东南缘，始建于 1984 年，是我国最早建立的 7 个荒漠生态类型的自然保护区之一，1994 年晋升为国家级自然保护区[167]。保护区总面积 14044.34hm²；缓冲区面积 5414.12hm²，占保护区总

---

① http://www.hlsbhq.com/index.php/lists/389.html
② http://lcj.nx.gov.cn/xwzx/lykk/202103/t20210304_2616695.html

面积 38.55%；实验区面积达 4672.21hm²，占保护区总面积的 33.27%。保护区总
体呈东北—西南向狭长弧形，地势由西南部向东北倾斜，自然地理条件复杂，生
态环境脆弱。独特的自然地理条件和类型多样的生态子系统使本区成为荒漠生态
系统丰富的物种"基因库"。植物种类 84 科 260 属 485 种，占宁夏种子植物的
27.80%；有脊椎动物 5 纲 27 目 66 科 230 种，其中鱼类 3 目 5 科 18 种，两栖类 1
目 2 科 3 种，爬行类 2 目 4 科 7 种，鸟类 15 目 43 科 178 种，哺乳类 6 目 12 科
24 种。野生脊椎动物中，国家重点保护动物 26 种，其中国家一级 5 种，国家二
级 21 种。从保护区的野生脊椎动物种类组成看，鸟类占绝对优势，占沙坡头自然
保护区野生脊椎动物种类数量的 77.39%；哺乳类次之，占 10.43%；鱼类占 7.82%；
爬行类占 3.04%；两栖类最少，仅占 1.30%。野生动物种群数量增加，治沙成果显
著，生态环境明显改善，实行封沙育林草、人工灌溉造林、扎草方格等措施，在
北部沙漠边缘建起了 55km 的防风固沙林带，在西北荒漠中形成了一个良性循环
的生态环境。

4. 白芨滩国家级自然保护区

白芨滩国家级自然保护区位于毛乌素沙地边缘，引黄灌区东部的荒漠区域。
1953 年建立了林场，1985 年批准为县级自然保护区，1986 年批准成立自治区级
自然保护区，2000 年晋升为国家级自然保护区。总面积为 74843hm²，其中核心区
面积 31318hm²，缓冲区面积 18606hm²，实验区面积 24919hm²[168]。白芨滩国家级
自然保护区属于典型的荒漠生态系统类型自然保护区，其主要的植被类型有草原、
荒漠及草原向荒漠过渡带三类，主要保护对象是 1.73hm² 以柠条为主的天然灌木
林生态系统和 2 万 hm² 以猫头刺为主的小灌木荒漠生态系统。有野生植物 53 科
170 属 306 种；野生动物 23 目 47 科 115 种，占宁夏野生动物种数的 43.3%。国
家一级保护植物有发菜，国家二级保护植物有沙芦草。国家一级保护动物有黑鹳、
大鸨 2 种，国家二级保护动物有鸢、大天鹅、鸳鸯等 20 种；列入濒危野生动物国
际贸易公约保护的有绿翅鸭、白琵鹭、猎隼等 23 种；列入《中华人民共和国政府
和日本国政府保护候鸟及其栖息环境协定》的有凤头䴙䴘、草鹭、大麻等 39 种；
列入《中华人民共和国政府和澳大利亚政府保护候鸟及其栖息环境协定》的有普
通燕鸥、白眉鸭、琵嘴鸭等 8 种①。

5. 罗山国家级自然保护区

罗山国家级自然保护区地处宁夏中部干旱带吴忠市境内，是宁夏中部天然的
绿色生态屏障，森林植被具有典型的过渡性、稀有性，四周被荒漠包围，有"旱

---

① https://www.ipe.org.cn/MapEcology/detail.aspx?id=1883&type=1

海明珠、荒漠翡翠"的美誉。保护区面积为 199614hm²，其中核心区 96458hm²，缓冲区 87878hm²，实验区 15278hm²。罗山处在典型草原与荒漠生态过渡带上，由森林、草原、荒漠三大植被类型构成，是我国西北部温带草原与荒漠的分界线，1980 年被确定为国家水源涵养林区，1982 年批准成立省级自然保护区，2002 年 7 月晋升为国家级自然保护区。罗山是宁夏三大天然次生林区之一，也是宁夏中部干旱带重要的水源涵养林区。保护区森林面积 6113.7hm²，森林覆盖率为 18.13%。植物以青海云杉、油松为代表。野生维管植物 418 种，野生脊椎动物 221 种，国家重点保护动物 32 种，其中属于国家 I 级重点保护动物有金雕 1 种，II 级重点保护动物有猎隼、苍鹰、兔狲等 30 种，鸟类 II 级重点保护物种 26 种，哺乳类 II 级重点保护物种 5 种，无脊椎动物 1008 种①。

6. 哈巴湖国家级自然保护区

哈巴湖国家级自然保护区位于宁夏盐池县境内，前身为宁夏盐池机械化林场，1979 年因国家三北防护林工程建设需要，经原林业部批准，在原盐池机械化林场等 7 个国营林场基础上新建，是全国 6 个大型国有机械化林场之一。1998 年 7 月建立县级自然保护区，2001 年 3 月晋升为自治区级自然保护区，2006 年 2 月升为国家级自然保护区。保护区属荒漠草原-湿地自然生态系统类型自然保护区，有野生植物 76 科 215 属 420 种，野生脊椎动物 24 目 53 科 168 种。保护区总面积 8.4 万 hm²(林地 6.5 万 hm²，湿地 1.07 万 hm²)，核心区面积 3.070 万 hm²，缓冲区面积 2.192 万 hm²，实验区面积 3.138 万 hm²。近年来，哈巴湖保护区致力于湿地恢复与治理，生态环境改善为众多候鸟繁衍生息提供了理想的栖息地。一般 2 月下旬开始，陆续有大白鹭、大天鹅、翘鼻麻鸭、斑嘴鸭、绿头鸭、红头潜鸭、普通秋沙鸭、灰雁、凤头䴙䴘、骨顶鸡等鸟类在保护区湿地或是安家落户、繁衍后代，或是驻足停留、补充能量，呈现出一片和谐美丽的自然景观。2020 年 4 月，宁夏哈巴湖花马湖湿地迎来一批回迁候鸟，有大天鹅、小天鹅、白琵鹭、苍鹭、白鹭、斑嘴鸭、赤嘴潜鸭、绿头鸭、绿翅鸭、翅膀鸭、骨顶鸡、黑翅长脚鹬和鸥类等，还新增了鹊鸭。鹊鸭繁殖于我国黑龙江北部及西北地区，现在数量较少，已列入 2000 年 8 月 1 日发布的《国家保护的有益的或者有重要经济、科学研究价值的陆生野生动物名录》和世界自然保护联盟(IUCN)发布的《世界濒危动物红皮书》[169]。

7. 云雾山国家级自然保护区

云雾山国家级自然保护区位于固原市原州区东北部，总面积 6660hm²，其中

---

① http://lcj.nx.gov.cn/xwzx/mtgz/202108/t20210831_2998337.html

核心区 1700hm², 缓冲区 1400hm², 实验区 3560hm²。云雾山保护区始建于 1982 年, 1993 年被中国生物圈保护区网络接纳为首批成员。植物由保护前的 182 种增加到 313 种, 其中近危植物 3 种, 我国特有植物 28 种; 脊椎动物由保护前的不足 30 种增加到 113 种, 占黄土高原半干旱区脊椎动物种数的 56.5%。国家重点保护动物有 30 种, 国家一级保护动物有玉带海雕、金雕、大鸨, 猎隼, 国家二级保护动物有兔狲、猞猁、灰鹤、草原雕、长耳鸮、雕鸮、红隼等, 宁夏新纪录种 1 种; 昆虫纲 316 种, 蜘蛛纲 60 种, 其中宁夏新纪录昆虫、蜘蛛 22 种①。云雾山国家级自然保护区是宁夏唯一的草地类自然保护区, 保护区内有典型草原、草甸草原、荒漠草原等, 是研究黄土高原半干旱区典型草原生态系统演变过程及其规律的天然宝库, 具有重要的保护、科研、生态等价值。

8. 南华山国家级自然保护区

宁夏南华山国家级自然保护区位于宁夏中卫市海原县, 始建于 2004 年, 2014 年晋升为国家级自然保护区。呈西北—东南走向, 南北宽 19.2km, 东西长 26.4km, 总面积 20100.5hm²。其中, 核心区 6182.1hm², 缓冲区 5235.3hm², 实验区 8683.1hm²。主要保护对象为山地森林生态系统和山地草原与草甸生态系统。脊椎动物有 5 纲 26 目 57 科 126 属 173 种(含 116 亚种), 其中鱼纲 2 目 3 科 8 属 9 种, 两栖纲 1 目 2 科 2 属 3 种, 爬行纲 2 目 5 科 6 属 10 种(含 1 亚种), 鸟纲 15 目 33 科 80 属 115 种(含 80 亚种), 哺乳纲 6 目 14 科 30 属 36 种(含 35 亚种)。这些脊椎动物中, 有国家重点保护动物 22 种。《濒危野生动物物种国际贸易公约》(CITES)规定的种类有 25 种, 列入国际自然保护联盟(IUCN)濒危物种等级动物名录的有 24 种, 列入《中国濒危动物红皮书》动物名录的有 9 种, 列入《国家保护的有益或者有重要经济、科学研究价值的陆生野生动物名录》65 种, 属于宁夏重点保护动物的有 35 种。从动物区系成分上来看, 黄土高原区成分占有优势, 华北区与蒙新区物种混杂程度大, 带有明显的过渡特征[170]。

9. 火石寨国家级自然保护区

火石寨国家级自然保护区始位于宁夏固原市西吉县境内, 始建于 2002 年, 2013 年晋升为国家级自然保护区。南北长 17km, 东西宽 10km, 总面积 9795hm², 其中核心区 2638.0hm², 缓冲区 2086.9hm², 实验区 5070.1hm², 是以黄土高原独特丹霞地貌地质遗迹、自然人文景观及黄土高原半湿润向半干旱过渡区山地森林灌丛草甸生态系统为主的自然遗迹类自然保护区。火石寨国家级自然保护区以森林、灌丛、草甸、草原等多类群落交汇组合为特征, 草甸和草原组成当地植被的

---

① http://lcj.nx.gov.cn/xwzx/zxyw/202109/t20210902_3002512.html

主要类型，长芒草草原、铁杆蒿草原、百里香草原、萎陵菜草甸、苔草草甸和蕨类等杂类草甸是该区域的典型群落。截至 2016 年 6 月，有野生维管植物 442 种，隶属 74 科 235 属，其中蕨类植物有 6 科 8 属 11 种，裸子植物有 1 科 1 属 1 种，被子植物有 67 科 226 属 430 种。脊椎动物有 5 纲 20 目 55 科 117 属 181 种，其中鱼纲 1 目 2 科 4 属 5 种，占脊椎动物总种数的 2.76%；两栖纲 1 目 1 科 1 属 1 种，占脊椎动物总种数的 0.55%；爬行纲 1 目 2 科 2 属 2 种，占脊椎动物总种数的 1.11%；鸟纲 13 目 38 科 86 属 141 种，占脊椎动物总种数的 77.90%；哺乳纲 4 目 12 科 24 属 32 种，占脊椎动物总种数的 17.68%。鸟类占优势，哺乳类次之，两栖类最少。昆虫群落组成的优势目是鞘翅目、鳞翅目、半翅目、双翅目、膜翅目和直翅目，6 个目的科数为 112 科，占总科数的 82.4%，物种数为 391 种，占总种数 87.91%[①]。

10. 沙湖自然保护区

沙湖自然保护区位于石嘴山市平罗县西南部，1997 年 1 月，宁夏回族自治区人民政府将沙湖批准设立为宁夏沙湖自治区级自然保护区。总面积 4366.66hm²，其中核心区面积 1750.50hm²，缓冲区面积 569.86hm²，实验区面积 2046.30hm²。沙湖自然保护区是典型内陆湿地和水域与荒漠相结合的复合自然生态系统类型的自然保护区，水域面积 2761.40hm²，占保护区总面积 63.24%。共有野生维管植物 48 科 124 属 162 种，优势植物为芦苇、长苞香蒲、沙枣和柽柳等；共有高等脊椎动物 5 纲 30 目 62 科 155 属 241 种，包括哺乳动物 28 种、鸟类 178 种、鱼类 23 种、两栖类 2 种和爬行类 10 种，另有昆虫 450 种，浮游动物 34 种，是荒漠化区域内典型湿地生态系统的天然"本地"和生物资源"储源地"[171]。近年来，随着沙湖生态环境的持续改善，将沙湖作为迁徙中转暂栖地的珍贵鸟类越来越多，监测到国家二级保护野生动物天鹅 300 余只、灰鹤 200 余只、白琵鹭 300 余只；白鹭 160 余只、豆雁和灰雁 3 千余只，鸬鹚 3 千余只，其他鸟类 2 千余只，总数量 3 万余只。2022 年，沙湖鸟类种类和数量相对往年同期明显增多，数以万计的湿地鸟类在此栖息、繁殖、越冬和中转[②]。

11. 青铜峡库区湿地自然保护区

宁夏青铜峡库区湿地自然保护区地处青铜峡市与中宁县，保护区总面积 17492.81hm²，其中青铜峡市区域面积 11637.49hm²，中宁县区域面积 5855.32hm²，是黄河上游典型的内陆湿地生态系统类型自然保护区，也是宁夏最大的内陆湿地

---

① 宁夏回族自治区农业勘查设计院. 西吉县火石寨丹霞地貌国家级自然保护区总体规划[Z]. 2011.

② http://lcj.nx.gov.cn/xwzx/lykk/202211/t20221111_3839591.html

和水域生态系统自然保护区，被誉为"宁夏之肾"。1967 年，青铜峡水库建成。为了加强湿地保护和管理，恢复湿地生物多样性，1986 年青铜峡水库湿地鸟类自然保护区成立，2002 年青铜峡库区湿地自然保护区成立。该保护区中的湿地以河流、滩涂和人工围隔滩涂构建的养殖塘为主。宁夏青铜峡库区湿地自然保护区有国家Ⅰ级、Ⅱ级重点保护野生动物 10 目 14 科 29 属 42 种，其中国家Ⅰ级重点保护动物全部为鸟类，有 5 目 5 科 7 属 9 种，国家Ⅱ级重点保护的野生动物有 9 目 11 科 22 属 33 种。保护区内有极危动物 3 目 3 科 3 属 3 种，濒危动物 9 目 9 科 11 属 11 种；维管植物有 287 种，分属 61 科 181 属，其中蕨类植物 1 科 1 属 1 种，裸子植物 3 科 6 属 6 种，被子植物 57 科 174 属 280 种[172]。

12. 党家岔(震湖)湿地自然保护区

党家岔(震湖)湿地自然保护区位于宁夏西吉县境内，以保护地震滑坡堵塞沟壑形成的湿地生态系统及野生动植物为主，属自治区级内陆湿地型自然保护区。该保护区总面积 4589.80hm²，核心区、缓冲区、实验区分别占保护区总面积的 15.00%、47.45%和 37.55%。党家岔湿地自然保护区内的堰塞湖包括党家岔堰、河滩堰、堡玉堰、苏堡堰及其他零星湖堰，总水域面积 4.875km²。截至 2017 年[173]，震湖湿地自然保护区记录鸟类有 16 目 40 科 82 属 138 种，其中国家Ⅰ级重点保护鸟类有 1 目 1 科 2 属 3 种，国家Ⅱ级重点保护鸟类有 5 目 6 科 12 属 19 种；宁夏重点保护鸟类有 9 目 9 科 18 属 26 种；国家"三有"鸟类 94 种；留鸟 37 种(占总数的 26.8%)，夏候鸟 52 种(占总数的 37.7%)，旅鸟 46 种(占总数的 33.3%)，繁殖鸟 89 种(占总数的 64.5%)。区系方面，古北界鸟类占绝大多数，有 104 种(占总数的 75.4%)，东洋界鸟类仅有 14 种(占总数的 10.1%)；有 31 种区系型和 11 种分布型。列入《世界濒危动物红皮书》极危鸟类 1 种、易危鸟类 3 种、近危鸟类 2 种，其中 CITES 附录Ⅰ、Ⅱ鸟类 22 种。

3.3.2 生物多样性空间格局

截至 2022 年底，宁夏脊椎动物数量和各种野生植物数量分别达到 5 纲 30 目 87 科 471 种和 130 科 645 属 1909 种①。生物多样性及其分布情况如下。

动物地理区划：宁夏北部主要为温带半荒漠动物群、湖泊-荒漠-农区动物群；宁夏南部主要为温带草原动物群；贺兰山地带主要为温带山地森林-森林草原-半荒漠动物群；六盘山地带主要为温带山地森林-森林草原动物群[图 3-16(a)]。

兽类：荒漠猫、鹅喉羚主要分布于黄河沿岸地带及宁夏东部部分区域；盘羊分布于贺兰山地带；林麝主要分布于六盘山地带；猞猁主要分布于贺兰山地带、

---

① https://szb.nxrb.cn/nxrb/pc/con/202305/23/content_72798.html

六盘山地带及宁夏西部部分区域；豹猫、金钱豹分布于六盘山地带及周边区域；兔狲主要分布于宁夏东部部分区域；岩羊主要分布于贺兰山地带及宁夏西部部分区域；马鹿、马麝分布于贺兰山地带[图 3-16(b)]。

鸟类：赤麻鸭分布于宁夏大部分区域；斑嘴鹈鹕、中华秋沙鸭主要分布于贺兰山地带；白琵鹭、角䴙䴘、鸿雁主要分布于黄河沿岸地带；大天鹅、小天鹅主要分布于宁夏北部及东部部分区域；绿头鸭主要分布于黄河沿岸地带及宁夏南部部分区域[图 3-16(c)]。大鵟主要分布于黄河沿岸地带；灰鹤、蓑衣鹤主要分布于黄河沿岸地带及六盘山地带；白尾海雕分布于黄河沿岸地带；胡兀鹫分布于贺兰山地带；秃鹫主要分布于贺兰山地带；隼鸮较为均匀地分布于宁夏全域；草原雕主要分布于宁夏东部部分区域及六盘山地带；金雕、苍鹰主要分布于六盘山地带及中卫市部分地区；大鸨、小鸨主要分布于黄河沿岸地带[图 3-16(d)]。石鸡主要分布于宁夏中部大部分地区；牛头伯劳、金腰燕、雉鸡、红腹锦鸡主要分布于六盘山地带；贺兰山岩鹨、蓝马鸡主要分布于贺兰山地带；勺鸡分布于宁夏西南部；大杜鹃主要分布于固原市周边地带[图 3-16(e)]。

鱼类：鲤鱼主要分布于黄河流域及清水河流域；泥鳅主要分布于黄河流域；背斑高原鳅主要分布于清水河流域；草鱼主要分布于黄河流域及宁夏东南部；铜鱼分布于黄河流域；瓦氏雅罗鱼主要分布于黄河流域及宁夏西南部；宁夏彩鲫分布于宁夏西南部；鲢鱼分布于黄河流域及宁夏西南部；鲫鱼主要分布于黄河流域[图 3-16(f)]。

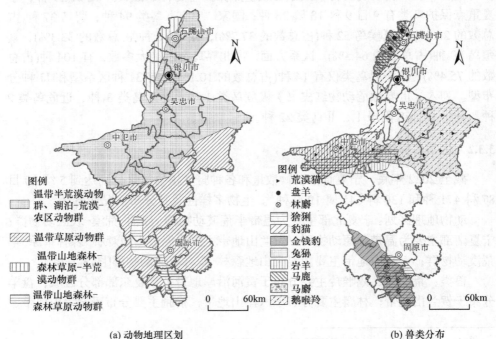

(a) 动物地理区划　　　　　　　　　　　(b) 兽类分布

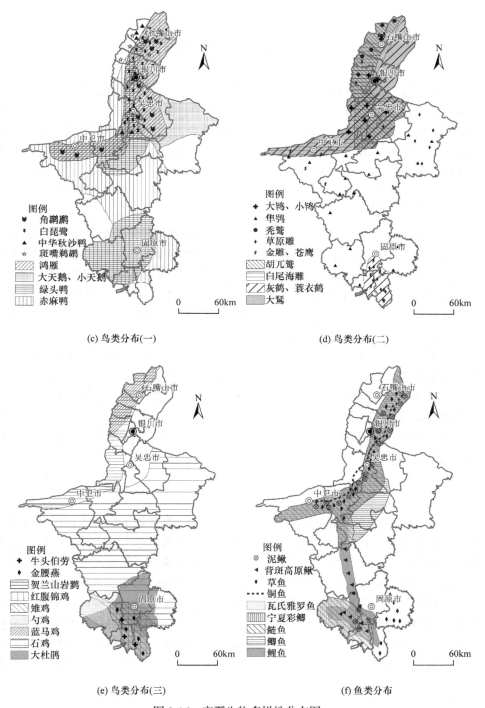

(c) 鸟类分布(一)

(d) 鸟类分布(二)

(e) 鸟类分布(三)

(f) 鱼类分布

图 3-16　宁夏生物多样性分布图

3.4　宁夏山水林田湖草沙耦合关系

我国幅员辽阔，自然资源丰富，囊括了河流、森林、湿地、湖泊、草原、沙漠等这个星球几乎所有的自然形态。2022年3月，第十三届全国人大第五次会议的政府工作报告①提出，"加强生态环境分区管控，科学开展国土绿化，统筹山水林田湖草沙系统治理，保护生物多样性，推进以国家公园为主体的自然保护地体系建设，要让我们生活的家园更绿更美"。

3.4.1　要素主导功能

山、水、林、田、湖、草、沙等自然资源要素是国土空间上的集成体现之一，发挥着生产、生活、生态复合功能。生命共同体理念的核心指导思想是系统观和生命观，这就要求山水林田湖草沙的系统治理必须尊重自然、顺应自然、保护自然，从生态系统的整体性和完整性出发，各自然资源要素以人为核心，旨在实现人与自然和谐共生与可持续发展。坚持生态移民、多方治理、分区施策、保护优先四个原则，从封山育林、水利工程治理、退耕还林、现代化农业种植、退耕还草、防沙治沙、水平衡调节等方面充分发挥各自然资源要素的作用，山水林田湖草沙等自然要素形成完整的生态系统，各要素命脉相连、彼此依存，其中一方受到影响和破坏，其他各方必然会被牵涉。在地质地貌作用、生物进化演替、植被演变等过程和人类社会自然过程共同作用下，山水林田湖草沙各要素组成一个有机的生态系统，为人类生存发展提供优美的自然环境和优良的物质基础。

1. 山体的主体功能特征

宁夏境内的山体很多，从北到南、从西到东主要有贺兰山、牛首山、香山、罗山、青龙山、西华山、南华山、云雾山、月亮山及六盘山等山脉，山脉主要聚集于宁夏南部地区。贺兰山脉位于宁夏与内蒙古交界处，北起巴彦敖包，南至毛土坑敖包及青铜峡，南北长约220km，东西宽约30km，海拔2000～3000m，是银川平原和阿拉善高原重要的生态屏障和水源涵养林区。贺兰山恰好位于我国季风线上，既阻止了西北高寒气流的东袭，又削弱了东南季风潮湿气流西进，成为我国干旱与半干旱、畜牧区与农耕区、内流区与外流区、森林植被与草原植被的一条自然地理分界线。贺兰山冬季的积雪春季融化后形成的积水对东麓土地涵养水

---

① http://www.gov.cn/gongbao/content/2022/content_5679681.htm

分起着重要的作用。贺兰山植被垂直带变化明显，是我国西北干旱区重要的生物多样性中心和生物资源宝库，动植物类型丰富。独特的地理条件使贺兰山东麓成为我国和国际公认的最适宜种植优质酿酒葡萄的"黄金地带"之一。贺兰山岩画与西夏王陵等著名景点为宁夏人民提供文娱活动价值。宁夏中部的牛首山、香山、罗山、青龙山、西华山、南华山、云雾山、月亮山等山脉，形成了狭长的清水河谷。宁夏南部的六盘山位于固原市，南北走向，山腰地带降水较多，气候较为湿润，是黄土高原上的一个"绿色岛屿"，适宜动植物生存，有极其重要的生态价值和社会经济价值。

2. 河湖水系主要生态功能

宁夏全域水系以黄河干流及其支流为主，主要的黄河支流分为黄河左岸与右岸诸沟、苦水河水系、清水河水系、祖厉河水系、葫芦河水系及泾河水系等。丰富的河流水系为宁夏提供了重要的地下水资源，是宁夏水源涵养生态系统服务价值的重要来源；同时形成了很多水库坑塘，充分发挥着蓄洪调节功能。作为宁夏最主要的供水水源，黄河干流自中卫市南长滩进入宁夏境内，经卫宁灌区到青铜峡水库出库入青铜峡灌区，至石嘴山头道坎以下麻黄沟出境，水流带动泥沙运输，在银川平原形成了丰富的湖泊湿地，包括阅海湖、鸣翠湖、星海湖、沙湖等。这些湖泊湿地不仅有利于打造银川"塞上湖城"的品牌，创造文娱景观价值，也有利于水草类植物生长，为鸟类栖息提供了良好的生境条件，体现宁夏水体生物养育功能。宁夏南部山区的水系网错综复杂，从山水林湖田草沙的系统治理思维出发，南部多地实施水系连通和环境综合系统治理工程，取得了经济发展与生态修复双赢的成果。以泾源县的泾河为例，近年通过生态林建设及智慧水网等系统工程改善水系状况，为全县特色优势产业提供了优质的水资源保障和独特的水环境支撑，有力推动了产业绿色化发展，最大程度实现了泾河的生态系统服务价值。

湿地被称为"生命的摇篮""地球之肾"，在蓄水调洪、调节气候、净化水质、保护生物多样性方面发挥着重要作用，是人类赖以生存和持续发展的重要基础。宁夏湿地在生物多样性保护方面发挥着重要价值。全球 9 条候鸟迁徙路线中有 3 条经过我国，有 2 条经过宁夏，宁夏作为全球东亚—澳大利亚、中亚及我国西部鸟类重要的迁徙路线和繁衍地，承载着鸟类迁徙的重要作用。据全区湿地管理机构、湿地型自然保护区、湿地公园工作人员和宁夏观鸟协会等监测统计，2021年宁夏过境鸟类已超过百万只，呈现以下特点。①过境宁夏迁徙鸟类数量越来越多，特别是珍稀候鸟回迁过境数量明显增多，其中国家一级保护野生动物黑鹳数量达 100 余只，国家二级保护野生动物小天鹅数量达 1000 余只，灰鹤 1 万余只，白琵鹭 3000 余只，豆雁、灰雁 1 万余只等，鸟类数量相对往年明显呈上升增长趋势。②迁徙的鸟类种类增多。2021 年经宁夏迁徙的国家一级保护动物有遗鸥、白尾海雕、黑鹳、玉带海雕、东方白鹳、中华秋沙鸭、火烈鸟、白头鹤等；二级保护动物有灰鹤、天鹅、白琵鹭、鸳鸯、角䴙䴘、蓑羽鹤、白腰杓鹬、鹮嘴鹬等鸟类，将近 30 年未曾一见的中华秋沙鸭再次重现，白头鹤、鹮嘴鹬、槲鸫等鸟类刷新全区生物多样性记录。③在宁夏停留的时间越来越长。2021 年 10 月 10 日，大天鹅过境石嘴山惠农黄河湿地，12 月 6 日 8 只天鹅最后离开沙湖运河南水域，停留时间长达 57 天，比往年停留时间增长一倍多。冬候鸟数量显著增加，其中惠农黄河河流湿地占 70%，数量达 2 万余只的国家二级保护野生动物豆雁、灰雁、灰鹤等，成千上万只集群居留过冬。青铜峡库区湿地冬季候鸟居留时长延长，成为宁夏冬季候鸟居留的新热点。④鸟类分布区域越来越广，种群数量也越来越多。天鹅、灰鹤、豆雁、灰雁在黄河沿线都有分布。灰鹤集群分布最多的在惠农黄河湿地，在盐池有 2000 余只，红寺堡 500 余只，沙湖 1000 余只，青铜峡库区 2000 余只，天湖 1000 余只。⑤宁夏鸻鹬类候鸟迁徙数量有所下降，主要为黑翅长脚鹬、黑尾塍鹬、白腰草鹬等物种，主要原因为适合其生存的滩涂沼泽湿地水量减少①。

3. 林草主要生态功能

宁夏的林草地分布非常广泛，是宁夏土地类型重要的组成部分。其中，林地在宁夏的中南部地区覆盖度高，草地在宁夏的北部、中部与南部均有分布。林地与草地作为生态用地，是生态系统服务价值的重要来源，为宁夏生态系统服务价值提供了很大的贡献。调节服务中，林地的气体调节功能价值最高，水源涵养功能次之，气候调节功能稍低；相较而言，草地的这三种调节功能价值稍低，但依然高于其他土地利用类型，因此宁夏南部地区气候相比于宁夏中北部地区湿润。供给服务中，林地的原材料生产功能价值高于食物生产功能价值，而草地则相反，食物生产功能价值高于原材料功能价值。支持服务中，林地与草地的生态系统服务价值都很高，且均表现为土壤形成与保护功能价值高于生物多样性保护价值。文化服务中，林地的娱乐文化价值高于草地的娱乐文化价值。对于固碳释氧和防风固沙价值而言，林地的生态系统服务价值最高，因此宁夏中南部地区实行山、水、田、林、路小流域综合治理，控制水土流失，坚持实施退耕还林还草政策；在中部沙区开展沙漠化综合治理，实施生态林修复工程，营造沙漠绿洲，以此提高生态系统服务价值。

---

① http://lcj.nx.gov.cn/xwzx/lykk/202112/t20211220_3237372.html

4. 沙漠戈壁主要生态功能

宁夏西北部毗邻腾格里沙漠，北部与乌兰布和沙漠接壤，东北部紧挨毛乌素沙地，可谓是三面环沙，因此宁夏的沙漠戈壁地类主要分布于中北部地区。宁夏沙漠戈壁地类对生态功能的影响是多样的。沙漠戈壁广布，植被覆盖度较低，进而使得生态系统价值较低。宁夏近几年实施生态保护与修复的生态工程，防沙固沙取得良好成效，因此沙漠戈壁的生态功能有了一定提高。物质供给功能价值和美学美观生态价值。沙漠区域风力强劲，日照资源丰富，因此宁夏中北部的风力发电前景良好，有效利用太阳能资源；同时，日照充足，适宜葡萄种植，因此贺兰山东麓的葡萄酒长廊产业发展向好；宁夏北部因黄河穿越而过，与沙漠戈壁共存形成了很多著名景区，如沙坡头、黄沙古渡及镇北堡影视城等，丰富了宁夏的旅游文化。其中，沙坡头景区集沙漠、黄河、高山、绿洲于一体，具西北风光之雄奇，兼具江南景色之秀美，是宁夏的旅游景点推荐之首，极具生态美学景观价值。

5. 农田主要生态功能

宁夏的农田主要包括水浇地、旱地和园地三种类型。其中，水浇地主要分布于土壤肥沃、水源丰富的银川平原，旱地主要分布于中部干旱带与南部黄土丘陵区，园地主要分布于中西部的卫宁灌区。宁夏的水浇地、旱地和园地分别以种植水稻、大麦和水果为主，既有粮食生产功能也有生态修复保护功能。因此，作为生产生态用地，宁夏的农田提供了重要的可持续生态功能价值。农田的食物生产价值、气体调节与气候调节价值、水文调节价值、土壤保持与生物多样性价值都很高，同时有一定的景观功能价值和文娱功能价值。宁夏彭阳县的金鸡坪梯田和贺兰县的稻渔空间是非常具有代表性的多功能农田。贺兰县处于宁夏北部平原，经过多方支持与探索，该地区农田从多年前的单一农作物种植转变为如今的一地多收科技种植示范田，不仅实现了稻渔立体种养，而且形成了休闲观光农业，提高了自然生态系统质量和生态产品供给能力。彭阳县地处黄土丘陵区，在生产实践中坚持小流域综合治理、改坡造地、修建梯田、建设淤地坝及封育造林等一系列"治山改水"工程，有效解决了坡耕地水土流失问题，实现了"水不下山，泥不出沟"；按照"五彩梯田"公园总体规划，在金鸡坪梯田公园区域内种植特色作物，使其成为全国最美旱地梯田之一。总之，宁夏的农田既有物质供给功能，又有文娱景观功能，实现了经济价值与生态系统服务价值并举。

3.4.2　人地系统耦合关系

山水林田湖草沙生命共同体各要素通过有机融合，形成有机整体。作为人地生态系统的核心，必须要以全局整体的目光去看待生命共同体。人的命脉在田，田的命脉在水，水的命脉在山，山的命脉在土，土的命脉在树①。由山川、林草、湖沼等组成的自然生态系统，存在着无数相互依存、紧密联系的有机链条，牵一发而动全身。

针对区域山水林田湖草沙耦合关系，在生态保护和高质量发展中需要统筹兼顾、分区施策、多方治理与保护优先：对于林草地，坚持实施退耕还林还草政策；沙地上的防沙固沙工程已取得成效，"沙进人退"逐渐转为"绿进沙退"，应当继续生态林建设；对于湖泊水系，应合理规划水利工程，做到水调节平衡；对于农田，因地制宜种植农作物，坚守农田基本保护红线，实现粮食安全；对于山地，应当积极保护与恢复山地植被，丰富山地生物多样性。"山水林田湖草沙–人"的系统思维是推动生态环境治理现代化，实现生产、生活、生态和谐统一的指导思想，理念是行动的先导，集思广益、努力践行人地系统和谐共生的理念。

宁夏山水林田湖草沙之间的联系图解如图 3-17 所示。

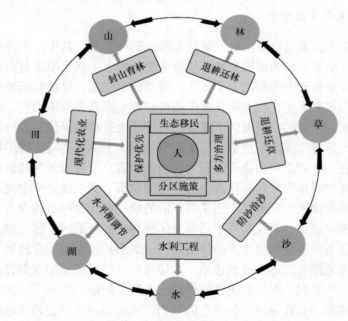

图 3-17　宁夏山水林田湖草沙之间的联系图解

宁夏山水林田湖草沙耦合系统以人为核心，在生态移民工程实施中，以保护优先、分区施策、多方治理思想引导，各自然生态要素之间基于各自的生态工程

---

① http://www.qstheory.cn/dukan/2020-06/04/c_1126073313.htm

措施相互联系、相互作用。封山育林是恢复和扩大森林资源的主要途径之一，也是培育森林资源的一种重要营林方式，具有用工少、成本低、见效快、效益高等特点，对加快绿化速度、扩大森林面积、提高森林质量、促进社会经济发展有着重要作用。封山育林形成的林分植被种类增多，生物多样性增加，涵养水源、保持水土的能力增强，森林病虫害减轻，林分质量提高。退耕还林工程建设包括两个方面的内容，一是坡耕地退耕还林，二是宜林荒山荒地造林。退耕还林和封山育林使得宁夏大部分地区实现了"山顶戴帽"。宁夏草地面积占全省面积的43%，具有重要的经济和生态价值，退耕还草可有效管理北方农牧交错生态脆弱区草地碳库和推动宁夏草地长效生态增汇。宁夏水利工程包括青铜峡大坝水利工程、盐环定扬黄工程、大柳树水利工程等，宁夏确定了"北部节水、中部调水和南部开源"的分区治水思路，建成402km黄河标准化堤防，创造了"宁夏模式"，黄河宁夏段防洪标准达到20年一遇。立足北部引黄灌区、中部干旱带、南部山区自然地理格局和经济社会发展水平，以"一带三区"国土空间开发保护总体格局为基础，对接"三区一廊"农业空间格局，按照农业农村现代化整体谋划、分区推进的思路，因地制宜，分区施策，努力构建布局合理、功能明确、集聚发展、有序推进的农业农村现代化格局。

通过统筹山水林田湖草沙综合治理、系统治理、源头治理，以水土流失区为重点，各项管理措施并举，大力实施小流域、坡耕地综合整治和淤地坝建设等工程，宁夏探索出"山顶封山育林、山坡荒山造林、山脚退耕还林、山村生态移民"的治理模式，形成了较为完善的水土流失综合防治体系；同时，持续推进大规模国土绿化，大力实施天然林保护、三北防护林、退耕还林(草)等工程，推进森林、草原、湿地、农田、沙漠等生态系统建设。"北部绿色发展区"以黄河为轴，建设贺兰山东麓绿道绿廊绿网，构建北部农田湿地防护林体系；"中部封育保护区"实施锁边防风固沙工程，综合治理退化沙化草原，建设乔灌草相结合的防护林体系；"南部水源涵养区"实施黄河支流小流域综合治理，加大植树造林力度，保护森林资源和生物多样性，建设水源涵养和水土保持林体系。另外，推进水土保持与特色产业融合发展，打造了以彭阳金鸡坪、西吉龙王坝村为代表的乡村旅游等产业，生态、经济、社会效益显著。宁夏还建成了水土保持动态监测系统，充分运用卫星遥感、大数据等信息技术，构建了"天上看、地上测、网上管、实地查"的立体监测体系。总之，各生态工程措施使得各自然生态要素联系更加紧密，韧性更强。在今后的生态治理中，需要进一步综合考虑自然生态系统的完整性，以河流湖泊、山体山脉等相对完整的自然地理单元为基础，遵循因地制宜，实施"宜耕则耕、宜林则林、宜草则草、宜水则水、宜荒则荒"的生态制度。

第 4 章　黄河上游典型区 LUCC 与生态系统服务

土地是人类赖以生存的基础，不仅是人类最基本的生产资料的重要来源，还是人类生产生活的重要空间载体。关于"土地利用与土地覆盖变化"(LUCC)的研究计划于 1995 年被提出，这个概念最早是由英国慈利大学 Grainger 教授提出的[174]。LUCC 能够反映人类生活活动、经济发展、生态环境等变化的痕迹。通过研究土地利用结构演变的过程，分析各类功能用地之间的比例关系，能从时间和空间两个方面体现国土空间结构变化趋势和规律[175-176]，对研究国土空间与人类活动、自然条件和经济等要素的相关性有更好解释，以便更加深入了解国土空间时空变化的基本规律[177]。本章主要基于生产、生活、生态的三生用地视角，对宁夏 2000～2020 年的 LUCC 进行了分析，并基于生态系统服务视角探究三生用地变化与林草地绿度变化特征、土地覆被变化与水热因子的关联，以及三生用地变化的生态系统服务价值损益特征等。

4.1　数据与方法

4.1.1　数据来源与处理

本章所用数据集包含宁夏 2000 年、2010 年、2020 年三期土地利用数据，均来自中国科学院地理科学与资源研究所，分辨率为 30m，土地利用类型包括林地、耕地、草地、建设用地、未利用地、水域 6 大一级地类和 22 个二级地类。采用SPOT/VEGETATION PROBA-V 1km PRODUCTS 数据集(https://remotesensing.vito.be)，该数据集采用最大值合成法生成，数据源来自中国科学院资源环境科学与数据中心(https://www.resdc.cn)；气温和降水数据来自国家地球系统科学数据中心(http://www.geodata.cn)的中国 1km 分辨率逐月平均数据集。将 NDVI、降水和温度数据集在 ArcGIS 中进行投影、掩膜、重采样等统一成空间分辨率为 30m、行数和列数分别为 1055 和 10768、投影为 Krasovsky_1940_Albers 数据集。

目前关于三生用地的分类主要有两种方法：一是从多方面建立指标因子，基于统计数据估算各地类的价值量，从而定量构建三生功能的分类体系；二是功能空间分类法，考虑土地利用的多功能性，依据土地功能、研究区域实际情况等方面建立分类体系。本书采用第二种分类方法，参照宋永永等[178]、杨清可等[179]拟定的方案，以突出主体功能为原则，对基础地类进行二次划分，建立三生用地分类与土地利用类型关系体系(表4-1)。

表 4-1　三生用地分类与土地利用类型对应关系表

三生用地分类体系		中国科学院土地利用分类体系	
一级空间	二级空间(代码)	一级地类	二级地类(代码)
生产空间	农业生产空间(1)	耕地	水田(11)、旱地(12)
	工矿生产空间(2)	建设用地	其他建设用地(53)
生活空间	城镇生活空间(3)	建设用地	城镇建设用地(51)
	农村生活空间(4)		乡村居民点用地(52)
生态空间	林地生态空间(5)	林地	有林地(21)、灌木林(22)、疏林地(23)、其他林地(24)
	草地生态空间(6)	草地	高覆盖度草地(31)、中覆盖度草地(32)、低覆盖度草地(33)
	水域生态空间(7)	水域	河渠 (41)、湖泊(42)、水库坑塘(43)、滩地(46)
	其他生态空间(8)	未利用地	沙地(61)、戈壁(62)、盐碱地(63)、沼泽地(64)、裸土地(65)、裸岩石质地(66)

4.1.2　土地利用动态变化模型

1. 动态度分析法

将土地利用动态度分析思想应用于三生用地的动态测度中，分为单一动态度与综合动态度两个指标。

单一动态度用于分析研究区域内某一土地利用类型在一定时间范围内的数量变化情况，公式如下：

$$K = \frac{U_b - U_a}{U_a} \times \frac{1}{T} \times 100\% \tag{4-1}$$

式中，K——研究时段某种土地利用类型变化的单一动态度；

U_a、U_b——某种土地利用类型在研究初期、末期的面积；

T——研究时段时长，当 T 的单位为 a 时，K 表示该研究区内某土地利用类型的年变化率。

综合动态度用于分析某一研究样区的整体土地利用类型的变化速度，公式如下：

$$LC = \frac{\sum_{i=1}^{n} \Delta LU_{i-j}}{2\sum_{i=1}^{n} LU_i} \times \frac{1}{T} \times 100\% \tag{4-2}$$

式中，LC——研究时段内综合动态度；

　　　LU_i——研究初期 i 类土地利用类型的面积；

　　　ΔLU_{i-j}——研究时段内 i 类土地利用类型转换为 j 类土地利用类型的面积；

　　　T——研究时段时长，当 T 的单位为 a 时，LC 表示土地利用类型的年变化率。

2. 土地利用转移流

土地利用转移矩阵是马尔科夫模型在土地利用变化方面的应用，不仅可以定量地表明不同地类之间的转化情况，还可以揭示不同地类的转移速率，能够对不同时期地类之间的变化结构特征和剧烈程度有所解释。

本书通过叠加分析，获得土地利用转移矩阵。为有效表达地类间的矢量属性，在转移矩阵的基础上引入转移流模型[180]，进而分析各土地利用类型间相互转化的数量和方向。利用 Ucinet 社会网络分析软件，生成土地利用转移网络结构图。

土地利用转移流分析法是在动态物质变化中引入"流"的概念，将土地利用从一种土地利用类型向另一种土地利用类型变化的情况定义为土地利用转移流，可以用来表达土地利用变化的过程、方向和转移量。对于任何土地利用类型，从这种类型到其他类型的变化称为土地利用转出流，从其他类型到这种类型的变化称为土地利用转入流。流入和流出的总量是特定时期内土地利用类型的土地利用转移流，本质上是土地利用类型涉及的所有土地利用变化的总量。转入流与转出流之差为土地净转移量。当其值为正时，表示净流入；反之，当其值为负时，表示净流出。公式如下：

$$L_f = L_{out} + L_{in} \tag{4-3}$$

$$L_{nf} = L_{in} - L_{out} \tag{4-4}$$

式中，L_f——土地转移流；

　　　L_{out}——土地利用转出流；

　　　L_{in}——土地利用转入流；

　　　L_{nf}——土地净转移量。

4.1.3　空间分析方法

基于软件 ArcGIS 10.8 支持，进行空间分析与制图分析，除了基础的空间属性计算与统计、叠加分析、提取分析、融合分析等，采用下述主要空间分析技术与方法。

1. 核密度分析法

核密度分析法主要用于计算要素在其周围领域的密度或者聚集程度，是地理要素在空间分布上表现聚集程度与聚集区域的重要方法[181]。核密度分析，即使用核函数根据点或折线要素计算单位面积的量值，将各个点或折线拟合为光滑锥状表面。本书通过计算三生用地每种地类输出栅格面的中心点要素密度，拟合为连续的曲面，进而生成核密度，在空间上表示样本点的聚类与分散程度[182]，通过 ArcGIS 可将值进行可视化，更直观地表示各地类转出、转入、内部转移的空间位置分布特征。公式如下：

$$F_n(x) = \frac{1}{nh} \sum_{i=1}^{n} k \frac{x - x_i}{h} \tag{4-5}$$

式中，$F_n(x)$——某种土地利用类型输出栅格面中心点的核密度估计值；

　　　　h——搜索半径；

　　　　k——核密度函数；

　　　　n——样本数量点；

　　　　$x - x_i$——两个中心点之间的估计距离。

借助 ArcGIS 10.8 中的核密度分析工具，将 2000 年、2010 年、2020 年三期栅格影像数据叠加，通过创建像元大小为 3000×3000 的单元渔网，对宁夏"三生"空间转出、转入、内部转移特征进行核密度分析。密度值越大越集中，表明在该区域土地利用类型发生变化的概率越大，属于热点区；反之，土地利用类型发生变化的概率越小，为冷点区[183]。

2. 变异系数

变异系数反映数据的离散程度，可用来表示草地 NDVI 的波动程度，公式为

$$CV = \frac{\sigma_{NDVI}}{NDVI_{avg}} \tag{4-6}$$

式中，CV——某时间序列的变异系数；

　　　　σ_{NDVI}——标准差；

　　　　$NDVI_{avg}$——NDVI 的均值。

CV 越大说明生长季 NDVI 波动程度越大，植被覆盖越不稳定，反之则说明植被覆盖越稳定。

3. Hurst 指数

Hurst 指数(H)用于定量描述时间序列数据集的持续性。根据变尺度极差的渐近性，通常使用重标/极差(R/S)分析法估计 Hurst 指数，取值范围为 0～1。当 $0<H<0.5$ 时，时间序列具有反持续性，即未来的变化状况与该序列趋势相反，H 越接近 0，反持续性越强；当 $H=0.5$ 时，时间序列不具有持续性；当 $0.5<H<1$ 时，时间序列具有持续性，即时间序列对过去的趋势有依赖性，指未来趋势与过去时间序列的趋势相同，H 越接近 1，持续性越强。具体计算方法参见文献[184]。

4. 趋势分析

采用 Sen+Mann-Kendall 分析法[185]研究宁夏草地绿度年际变化趋势，公式为

$$Z_C = \begin{cases} S - \dfrac{1}{\sqrt{\mathrm{var}(S)}}, & S > 0 \\ 0, & S = 0 \\ S + \dfrac{1}{\sqrt{\mathrm{var}(S)}}, & S < 0 \end{cases} \tag{4-7}$$

$$S = \sum_{i=1}^{n-1} \sum_{k=i+1}^{n} \mathrm{sgn}(\mathrm{NDVI}_k - \mathrm{NDVI}_i) \tag{4-8}$$

$$Q = \mathrm{Median}\left(\frac{x_k - x_i}{k - i} \right), \quad \forall k > i \tag{4-9}$$

式中，Z_C——标准化检验统计量；

NDVI_k、NDVI_i——连续的 NDVI 数据序列；

n——年份；

S——检验统计量；

Q——绿度变化幅度($1<i<k<n$)，负值表示下降，正值表示上升。

5. 相关性分析

基于像元尺度分析草地绿度和温度、降水的偏相关性，公式为

$$r_{xy.z} = \frac{r_{xy} - r_{xz} r_{yz}}{\sqrt{\left(1 - r_{xz}^2\right)\left(1 - r_{yz}^2\right)}} \tag{4-10}$$

式中，$r_{xy.z}$——剥离 z 后 x 和 y 的偏相关系数；

r_{xy}、r_{xz}、r_{yz}——x、y、z 因子两两之间的相关系数。

6. 残差分析

采用多元回归残差分析将气候变化和人类活动对植被覆盖变化的影响进行区分，该方法由 Evans 和 Geerken[186]提出，广泛应用于人类活动对植被覆盖变化影响的定量评估中，公式为

$$NDVI_{pre} = a \times T_{mean} + b \times P_{total} + c \qquad (4\text{-}11)$$

$$NDVI_{res} = NDVI_{obs} - NDVI_{pre} \qquad (4\text{-}12)$$

式中，$NDVI_{pre}$——NDVI 预测值；

$NDVI_{obs}$——NDVI 观测值；

$NDVI_{res}$——残差，表示人类活动对植被 NDVI 的影响；

a、b、c——模型参数；

T_{mean}——年均温；

P_{total}——年累计降水量。

4.1.4　生态系统服务价值量模型

当量因子法在生态系统服务价值核算中因可操作性强被广泛使用[187-188]。谢高地等[189]以 Costanza 等[190]提出的全球生态系统服务价值(ecosystem service value，ESV)评估模型为基础，提出基于全国尺度的生态系统服务价值当量因子。受植被生物量密度和降水的时空异质性影响，生态系统服务价值当量因子同样具有异质性，在区域生态系统服务价值评估中需要对其进行修正以提高核算精度[191]。

1. 生态系统服务价值当量因子修正系数法

NDVI 是植被覆盖度与植被生长状况的最佳反映，植被状况是影响生态系统服务价值的重要因素[192-193]，单位面积的农作物产值可以直接体现农田经济价值量的大小[194-195]；降水量是影响水域和湿地生态价值量的重要因素。本书采用 2000 年与 2020 年的 NDVI 对林地与草地的 ESV 当量因子进行修正；采用主要粮食单位面积产量(单产)对耕地的 ESV 当量因子进行修正；采用年降水量对水域与湿地的 ESV 当量因子进行修正；未利用地与建设用地的 ESV 当量因子不做调整。根据耕地种植粮食类型不同，旱地和水田的 ESV 当量因子系数分别以小麦和水稻、玉米的单位面积产量为基准进行比值计算，得出 ESV 当量因子修正系数。修正后

公式如下：

$$Y_z = \frac{G}{G_k} \times Q_z \tag{4-13}$$

式中，Y_z——第 z 类需要修正的土地利用类型经修正后的 ESV 当量因子；

G、G_k——分别为研究区和全国的 NDVI 均值、年降水量均值或主要种植粮单产；

Q_z——第 z 类需要修正的土地利用类型全国平均 ESV 当量因子。

宁夏 ESV 当量因子修正系数结果如表 4-2 所示。

表 4-2 宁夏 ESV 当量因子修正系数

土地利用类型	2000 年	2010 年	2020 年	均值	修正依据
水田	1.33	1.32	1.19	1.29	水田主要作物水稻和玉米的单产
旱地	0.68	0.70	0.52	0.67	旱地主要作物小麦的单产
林地	0.46	0.49	0.56	0.50	林地 NDVI
草地	0.71	0.56	0.66	0.65	草地 NDVI
水域	0.32	0.35	0.27	0.32	年降水量
湿地	0.32	0.35	0.27	0.32	年降水量
建设用地	1.00	1.00	1.00	1.00	不做调整
未利用地	1.00	1.00	1.00	1.00	不做调整

2. 单位面积生态系统服务价值量

依据修正后的当量因子，生态系统服务价值计算公式为

$$ESV = \sum_{i=1}^{n} VC_i \times A_i \tag{4-14}$$

式中，ESV——研究区总生态系统服务价值；

A_i——土地利用类型 i 的面积；

VC_i——土地利用类型 i 的单位面积生态系统服务价值。

为消除长时段粮食价格变化导致的不可比性，分别计算 2000 年、2010 年及 2020 年宁夏种植规模最大的 3 种作物(小麦、水稻、玉米)的平均粮食单产市场价格[196]，最终取 3 期均值的 1/7 作为研究区 1 个生态系统服务价值当量因子价格，为 1606.99 元/hm²。

4.2　宁夏土地利用时空动态变化特征

4.2.1　三生用地数量结构变化特征

研究时段内，宁夏三生用地数量结构发生了明显变化(表 4-3)。

表 4-3　2000 年和 2020 年宁夏三生用地面积及比例

类型	2000 年		2020 年	
	面积/万 hm²	比例/%	面积/万 hm²	比例/%
生产用地	176.96	34.06	183.78	35.37
农业生产用地	175.83	33.84	175.28	33.73
工矿生产用地	1.13	0.22	8.50	1.64
生活用地	10.70	2.06	16.57	3.19
城镇生活用地	2.06	0.40	5.81	1.12
农村生活用地	8.64	1.66	10.76	2.07
生态用地	331.97	63.89	319.28	61.44
林地	26.66	5.13	27.92	5.37
草地	241.47	46.47	234.48	45.12
水域	9.70	1.87	10.23	1.97
其他生态用地	54.14	10.42	46.65	8.98

注：因数据进行了舍入修约，比例合计不为 100%。

2020 年，宁夏生态用地占总面积的 61.44%，其中，草地面积为 234.48 万 hm²，占总面积的 45.12%；生产用地面积为 183.78 万 hm²，占总面积的 35.37%，农业生产用地占 33.73%，面积为 175.28 万 hm²；生活用地面积最小，仅占总面积的 3.19%。

农业生产用地面积缩减，工矿生产用地面积显著增加。2000～2020 年，生产用地面积由 176.96 万 hm² 增加至 183.78 万 hm²。其中，工矿生产用地面积由 1.13 万 hm² 增加至 8.50 万 hm²，农业生产用地面积由 175.83 万 hm² 减少至 175.28 万 hm²。经济的快速发展和人口的快速增加导致大量的耕地被各类建设用地占用，加之自然环境因素的影响，部分土地面临水土流失、水土盐渍化等问题，导致耕地面积有所减少。在新时期城镇化背景之下，整合全区农业生产用地，加强耕地保护和开发极其重要。

城镇生活用地和农村生活用地面积显著增加。2000～2020 年，生活用地面积呈逐年增加的趋势，由 10.70 万 hm² 增加至 16.57 万 hm²，城镇生活用地面积和农村生活用地面积均大幅增加。城镇生活用地面积由 2.06 万 hm² 增加至 5.81 万 hm²。农村生活用地面积由 8.64 万 hm² 增加至 10.76 万 hm²。城镇生活用地面积的增加幅度远远高于农村生活用地，2000 年农村生活用地面积是城镇生活用地面积的 4.19 倍，缩减至 2020 年的 1.85 倍，这与宁夏近 20 余年来的经济高速发展相匹配，可见随着城镇化进程的加快，建设用地快速增加。

生态用地分布范围最广，但呈逐年减少的趋势。2000～2020 年，生态用地面积由 331.97 万 hm² 减少至 319.28 万 hm²。生态用地中，林地和水域面积呈增加的趋势，林地面积由 26.66 万 hm² 增加至 27.92 万 hm²，水域面积由 9.70 万 hm² 增加至 10.23 万 hm²。草地作为生态空间的主要功能用地，约占生态空间的 73%，面积由 241.47 万 hm² 减少至 234.48 万 hm²，其他生态用地面积由 54.14 万 hm² 减少至 46.65 万 hm²。

4.2.2　三生用地动态度变化特征

生产用地、生活用地和生态用地动态度分别如表 4-4、表 4-5 和表 4-6 所示。

表 4-4　2000～2020 年宁夏生产用地动态度　　　　（单位：%）

类型	2000～2010 年	2010～2020 年	2000～2020 年
农业生产用地	0.13	−0.16	−0.02
工矿生产用地	24.07	12.08	32.61
生产用地	0.28	0.10	0.19

表 4-5　2000～2020 年宁夏生活用地动态度　　　　（单位：%）

类型	2000～2010 年	2010～2020 年	2000～2020 年
城镇生活用地	4.66	9.24	9.10
农村生活用地	1.70	0.64	1.23
生活用地	2.27	2.62	2.74

表 4-6　2000～2020 年宁夏生态用地动态度　　　　（单位：%）

类型	2000～2010 年	2010～2020 年	2000～2020 年
林地	0.48	0.00	0.24
草地	−0.20	−0.09	−0.15
水域	0.10	0.44	0.27

类型	2000~2010 年	2010~2020 年	2000~2020 年
其他生态用地	−0.71	−0.72	−0.69
生态用地	−0.22	−0.16	−0.19

2000~2020 年，宁夏生产用地动态度为 0.19%，其中工矿生产用地快速增加，动态度高达 32.16%，农业生产用地减少，动态度为−0.02%。生活用地动态度为 2.74%，城镇生活用地增加幅度远大于农村生活用地：城镇生活用地动态度为 9.10%，农村生活用地动态度为 1.23%。生态用地动态度为−0.19%。其中，林地动态度为 0.24%，草地动态度为−0.15%，水域动态度为 0.27%，其他生态用地动态度为−0.69%，反映出生态用地内部的调整以林地和水域面积增加、草地和其他生态用地面积略减为调整方向。在 2000~2010 年和 2010~2020 年两个时间段中，宁夏土地利用综合动态度分别为 0.62%、0.58%，综合动态度趋于下降，说明人类活动对该区域的三生用地转型的影响力逐渐下降。

总体来看，2000~2020 年宁夏的生态用地动态度降低，生活用地动态度增高。生产用地中，工矿生产用地动态度远远高于农业生产用地动态度，城镇生活用地、工矿生产用地是快速增加的土地利用类型，特别是工矿生产用地，其动态度是其他土地利用类型的几十倍。上述变化反映出宁夏三生用地变化总体呈现总体趋势趋于平稳、工业化与城镇化用地快速扩张、生态用地内部结构调整的特征。

4.2.3　三生用地转移流的基本特征

2000~2020 年，三生用地转移流总体特征表现为以同类土地利用类型之间的转移为主。生产用地中，发生内部互转的面积有 164.32 万 hm²，比例为 31.62%；生活用地转移流以内部互转流和转入流为主，其中内部互转流有 9.73 万 hm²，占 1.87%，转入流有 6.30 万 hm²，占 1.21%；生态用地转移流也以内部互转流为主，发生内部互转的面积为 312.40 万 hm²，占 60.12%(表 4-7)。

表 4-7　2000~2020 年宁夏三生用地转移流统计表

类型	转入流		转出流		内部互转流	
	面积/万 hm²	比例/%	面积/万 hm²	比例/%	面积/万 hm²	比例/%
生产用地	18.78	3.61	12.64	2.43	164.32	31.62
生活用地	6.30	1.21	0.97	0.19	9.73	1.87
生态用地	7.99	1.54	19.46	3.75	312.40	60.12

　　宁夏 20 世纪 80 年代中期开始"吊庄"移民以来，历时近 40a 累计搬迁近百万人口到北部沿黄区域。应移民安置需求，建设了大批居民点、乡村基础道路设施。从图 4-1 可知，最主要的转移流为草地转旱地，贡献率为 1.16%，主要由于大量生态用地(以其他草地为主)转为旱地、水浇地和园地等农业生产用地，客观上推进了该区域的农业的进一步发展。在生产用地扩张挤占生态用地的同时，北部绿色发展区排水不畅导致的土壤盐渍化问题成为耕地退化的重要方式。2000 年表现为盐碱地面积不断扩大，2000 年以后加强了对土壤盐渍化的治理，但土壤盐渍化问题仍然较为严重。转移面积中 0.92% 的转移流为旱地转草地，这主要与退耕还林(还草、还湖)政策有关。生态用地内部转移流主要是草地转林地和天然牧草地，以及沙地和戈壁转为草地。生态用地内部转移流主要分为两大类型：一类生态功能提升型转化，如中、低覆盖度草地转为林地，沙地、裸地等未利用地转为草地等，这类用地转换面积达到 14.00 万 hm²，驱动因子贡献率占 20.35%；另一类是生态功能退化型转化，如高覆盖度草地转为中、低覆盖度草地，草地退化转成未利用地等，这类用地转换面积达到 14.12 万 hm²，驱动因子贡献率占 20.49%，略高于生态功能提升型用地的转换贡献率。前者主要是生态建设政策推动，后者的驱动因子主要有气候变化、人类活动对生态的破坏等，如矿山开采对植被的破坏。生态建设是促进生态用地结构优化的重要驱动因素，主要体现为防止土地退化、生产区防风林带的建设和生活区绿化三方面。2000～2020 年，12.88 万 hm²的沙漠戈壁滩上恢复了草本植被，防风治沙成效显著。2000 年以来生态建设力度持续加大，退耕还林(草)工程使得旱地转灌木林和天然牧草地，自然封育等生态修复措施使得其他草地、沙地、戈壁、裸地等转为中高覆盖度草地，生态用地的

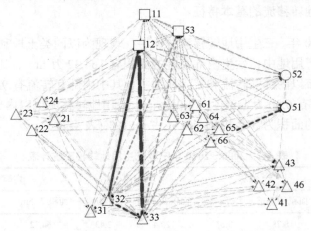

□ 生产用地　　○ 生活用地　　△ 生态用地

图 4-1　2000～2020 年宁夏三生用地转移网络

转移代码表示土地利用类型二级分类，各代码含义见表 4-1，如 11 表示水田

结构得以优化。另外，矿产开采工程对生态用地的影响较为突出，如矿山开采导致大量地表植被的破坏，天然牧草地转为裸地。

2000～2020 年，宁夏三生用地的土地利用转移流为 68.78 万 hm²，占宁夏总面积(计算面积 5.18 万 km²)的 13.24%。宁夏三生用地主要转移流来自耕地与草地、未利用地与建设用地之间的转换，受城镇化、生态建设等宏观政策影响大。具体统计各类土地利用转移流及其贡献率，结果如表 4-8 所示。

表 4-8　宁夏三生用地转移流及其贡献率

驱动因子	三生用地转移	转移面积/万 hm²	转移流比例/%	贡献率/%
城市化和工业化	农业生产用地转城镇生活用地	1.47	0.28	2.14
	乡村生活用地转城镇和工矿生产用地	0.01	0.00	0.01
	生态用地转城镇和工矿生产用地	6.72	1.29	9.77
	小计	8.20	1.57	11.92
乡村居民点建设	农业生产用地转乡村生活用地	2.72	0.52	3.95
	生态用地转乡村生活用地	0.85	0.16	1.24
	小计	3.57	0.68	5.19
水土资源集约利用	生态用地转农业生产用地	15.35	2.95	22.32
	乡村生活用地转农业生产用地	0.97	0.19	1.41
	农业生产用地内部转移	0.47	0.09	0.68
	小计	16.79	3.23	24.41
生态建设	农业生产用地转生态用地	11.76	2.26	17.10
	乡村生活用地转生态用地	0.46	0.09	0.67
	生态用地内部由低功能用地转高功能用地	14.00	2.69	20.35
	小计	26.22	5.04	38.12
其他	生态用地内部由高功能用地转低功能用地	14.00	2.69	20.36
	合计	68.78	13.21	100.00

乡村居民点建设对三生用地的驱动力贡献率最小，仅为 5.19%。随着人口在空间上的重新配置及人居环境改善，乡村居民点建设转移流仅占土地利用转移流的 0.68%。贡献率第二小的是城市化和工业化，贡献率为 11.92%，转移流占 1.57%，可见宁夏城镇化水平还有待提高。第三小的是水土资源集约利用，贡献率为

24.41%,转移流占 3.23%,主要来源于生态用地的转入。最主要的驱动因子为生态建设,对三生用地的贡献率达 38.12%。

4.2.4 三生用地空间格局变化

宁夏三生用地布局整体变化不大,以生态用地为主要功能区,其次为生产用地,生活用地分布范围最小(图 4-2)。生态用地覆盖范围广泛,草地占比最大;林地主要分布在贺兰山自然保护区、沙坡头自然保护区、白芨滩自然保护区和中部罗山保护区、南部六盘山保护区等区域;水域主要集中在银川平原,形成以黄河干流为中心、以湖泊湿地和水库坑塘为辅的水网系统,中部和南部水域面积小,水资源相对匮乏。生产用地覆盖范围仅次于生态用地,其中工矿生产用地主要集中在宁夏北部,形成以银川市、灵武市、青铜峡市、石嘴山市为主的重点开发区。生活用地呈现出北部城镇生活用地面积大于中南部地区的特点;农村生活用地分布较为零散(图 4-3)。

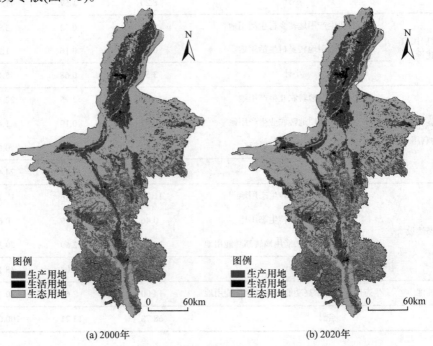

(a) 2000年   (b) 2020年

图 4-2 2000 年与 2020 年宁夏三生用地分布图

2000~2020 年,宁夏土地利用空间格局发生了显著变化。北部引黄灌区为黄河主要流经地,贺兰山地是林地、草地和其他生态用地的主要分布区域,也是林地主要增长区域;银川平原水热条件充足和地势平坦,是耕地与城镇生活用地

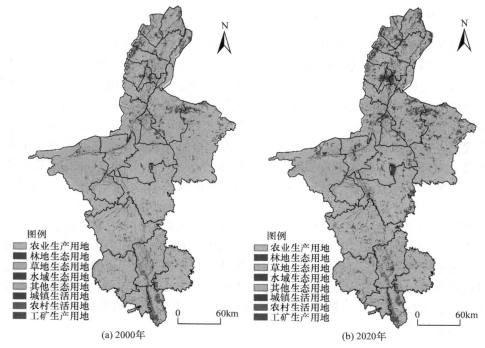

图 4-3　2000 年与 2020 年宁夏三生用地二级分类空间图谱(见彩图)

的主要分布区域，研究时段内城镇生活用地规模扩张迅速并侵蚀周边耕地生产
用地；中卫市是全区未利用地分布最广泛地区，但经过长时间的生态治理和景区
开发，未利用地有所减少，草地和林地面积略增，水域面积有所增加。中部干旱
带的耕地以带状与片状分布，灌溉主要依靠黄河的支流清水河和苦水河，两条河
流的流经地由南向北形成了带状区域，草地与林地交错分布的团状区域主要分
布于海原县西部、同心县东南部和盐池县的南部；城镇生活用地逐年增加，主要
分布于清水河和苦水河流域附近；2000 年前后"退耕还林(草)"实行，耕地面积
小幅减少，林地面积大幅增加，退耕还林(草)的主要区域分布于海原县中部、同
心县东部和北部及盐池县中部地区，该区域林地面积增加；此外，盐池县是毛乌
素沙漠的分布地，经过防沙固沙治理林地与草地面积增加。南部山区中，清水河
河谷优越的水热条件和地形条件促进了耕地沿河谷分布，农村生活用地也沿清
水河谷扩散式分布；六盘山山脉是林地、草地面积主要增加区域；其两侧的黄土
丘陵地区，耕地与林地、草地交错分布，受生态退耕政策影响，耕地面积缩减，
林地、草地小幅扩张；城镇生活用地与农村生活用地沿着平原和水系周围继续保
持高速增长(图 4-3)。

4.2.5　三生用地转移流的空间特征

　　三生用地一级地类轨迹变化类型共 $3^3=27$ 种，去除未发生变化的轨迹代码，剩余 24 种轨迹代码按照面积大小进行排序，得到 2000～2020 年宁夏三生用地轨迹代码图(图 4-4)。三生用地变化表现为生活和生产用地扩张、生态用地缩减的趋势。生活用地扩张对应的轨迹代码共计 8 条，占总面积的 11.22%；转移面积最大的轨迹代码是 PPL，占总面积的 5.45%；PLL 是转移面积第二的轨迹代码，占总面积的 2.76%，在银川市、灵武市、青铜峡市、利通区表现最为显著。生产用地面积增加的轨迹代码共计 8 条，占总面积的 51.06%。其中最主要的轨迹代码有 EEP、EPP、PEP，分别占总面积的 29.75%、12.99%、4.18%，在贺兰县、平罗县、红寺堡区、中宁县表现明显，整体宁夏中部和北部的覆盖范围大于南部。生态用地面积缩减对应的轨迹代码共计 6 条，占总面积的 45.76%，分别为 EEP、EPP、EEL、ELL、EPL、ELP。可划分为两类，一类转移成为生产用地，另一类转移成为生活用地。流失成为生产用地覆盖的面积远超过被生活用地侵占的面积，宁夏北部大面积的生态用地被侵占，成为工业园区、产业基地、城镇建设用地等，中部和南部主要生态用地流失成为生产用地，用以农业生产。

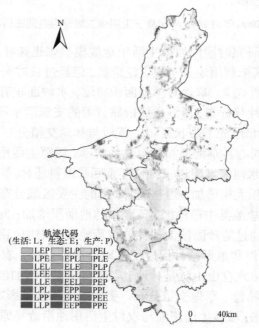

图 4-4　宁夏三生用地轨迹代码图(见彩图)

　　宁夏三生用地转移流呈现明显的空间集聚特征(图 4-5)。生产用地的转移在银川平原、卫宁平原和黄土丘陵沟壑区表现最为显著，其中转入的热点区域主要集中在贺兰县、永宁县、中宁县和沙坡头区，转出的热点区域集中在银川市、石嘴山市的平罗县和大武口区、青铜峡市、南部丘陵沟壑区，总体受北部绿色发展区的影响较大。生活用地在银川市、吴忠市、青铜峡市变化最为明显，其中转入的热点区域主要集中在银川市，少量聚集点集中于大武口区和平罗县，转出的热点区域主要为青铜峡市、利通区、惠农区，少量分布在贺兰县、银川市和沙坡头区。城镇化进程加快，建成区的扩建主要以首府银川市为中心，以

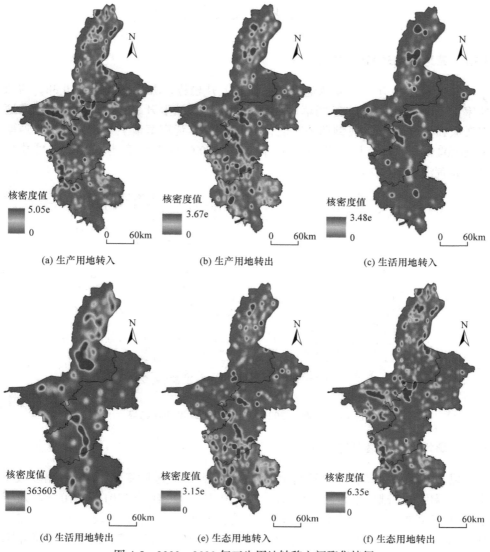

图 4-5　2000～2020 年三生用地转移空间聚集特征

石嘴山市和中卫市为辅。生态用地较生产、生活用地转移的剧烈程度小，涉及范围较为集中，转入的热点区域集中在南部黄土丘陵沟壑区，转出的热点区域主要集中在中宁县的中部、沙坡头区以东和银川市的中部，可见沙坡头防沙林带、白芨滩风沙林带、银川平原中北部的黄河河岸防护林带三个防沙治沙林带及南部黄土丘陵沟壑区水土保持与水源涵养林区的建立，对生态用地变化的聚集程度影响较大。

4.3　宁夏草地绿度特征

4.3.1　草地绿度时间序列变化特征

2000～2020 年，宁夏草地绿度呈波动上升趋势，由 0.25 上升到 0.38，增长速率为 0.007/a(图 4-6)。不同草地类型绿度均呈波动上升趋势，草甸草地上升速率最大，为 0.011/a；典型草地次之，为 0.009/a；荒漠草地上升最为缓慢，速率为 0.004/a。不同草地年均绿度为草甸草地(0.63)>典型草地(0.39)>宁夏草地(0.34)>荒漠草地(0.26)。

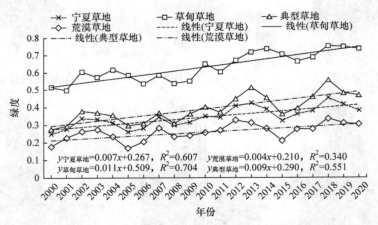

图 4-6　2000～2020 年宁夏草地绿度变化趋势

4.3.2　草地绿度图谱分异特征

以 2000 年为基准年，计算得出各年较基准年草地绿度变化，可以看出多数年份草地绿度较基础年呈增加态势(图 4-7)。2011～2020 年较 2001～2010 年相对于基准年绿度提升显著且稳定。2018 年增加最显著，降水量较基准年增加了 11.65mm，气温增加 0.39℃，有利于草地绿度提升；2005 年草地绿度较基准年降低最显著，主要在黄河和清水河沿线区域。2005 年降水量较 2000 年减少 8mm，气温增加 0.40℃，降水较少在一定程度上导致绿度降低。以"三山"为主的自然保护区通过生态修复和环境整治取得了一定成效，草地绿度得到一定提升，贺兰山、罗山、六盘山的绿度显著增加，增长趋势较其他区域显著。

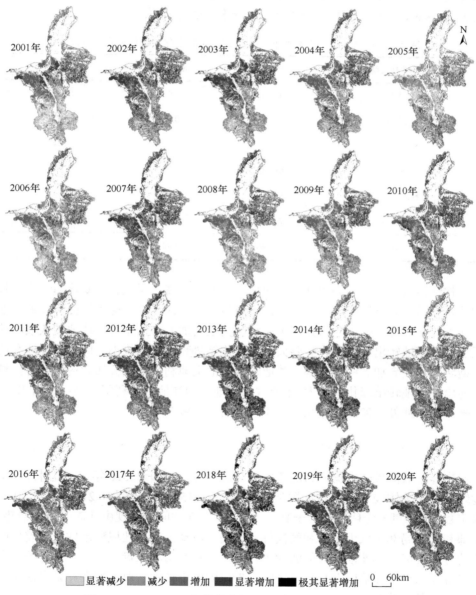

图 4-7 2001～2020 年较基准年(2000 年)草地绿度变化趋势

4.3.3　草地绿度态势指数特征

2001～2010 年，林地、草地绿化与褐化并存，绿化趋势更显著；2011～2020 年，北部和中部林草地褐化与绿化并存，绿化趋势较前十年得到提升，南部绿化趋势最显著，且绿化趋势呈现由南向北蔓延趋势。利用 Theil-Sen Median 趋势法和 Mann-Kendall 显著性检验分析林草地绿度变化趋势(表 4-9)。

表 4-9　不同土地转移类型下林地、草地绿度变化趋势面积占比 (单位：%)

土地转移类型	绿化趋势	褐化趋势	无变化
林地无变化	85.770	1.023	13.207
草地无变化	76.379	0.173	23.448
林地转出	76.078	11.373	12.549
草地转出	68.530	3.429	28.041
林地转入	89.699	0	10.301
草地转入	79.031	0.827	20.142
总计	79.248	2.804	17.948

林地转入的绿化趋势较林地不变化和林地转出高，褐化和无变化趋势小，且林地转出是所有土地转移类型中褐化趋势最大的，即其他土地利用类型转入林地会加大绿化趋势，林地转为其他土地利用类型会加大褐化趋势。草地转入较草地无变化和草地转出的绿化趋势要大，无变化趋势和褐化趋势小，即其他土地利用类型转入草地会加大绿化趋势，草地转为其他土地利用类型会加大褐化趋势。林地转出较草地转出绿化趋势大，主要因为草地转为其他土地利用类型用地面积大，除转移为耕地外，建设用地和未利用土地面积也较多。

1. 草地绿度变化的稳定性

变异系数能反映数据分布的离散性与波动性。2000～2020 年，宁夏林地、草地绿度变化总体较大，变异系数介于 0.031～0.615，平均值为 0.217，表明 20 年来宁夏林地、草地绿度整体处于高波动状态，且在空间上呈现由北向南递减趋势；中部和南部局部区域因地形和气候等呈现高低波动并存、地域稳定性空间差异明显的分布特征。低波动和较低波动主要出现在贺兰山和六盘山一带，中等波动主要出现在六盘山和哈巴湖自然保护区一带。固原市林地、草地的变异系数最小，中卫市变异系数最大。

草地绿度变化总体较大，变异系数介于 0.028～0.609，均值为 0.220，反映出宁夏草地绿度整体处于高波动状态。将研究区草地绿度变异系数划分为 5 个等级。草甸草原波动最低，典型草原次之，荒漠草原最高。宁夏草地绿度空间波动呈由北向南递减趋势，北部主要为高波动，中部和南部局部区域因地形和气候等因素呈现出高低波动并存，地域稳定性空间差异明显(图 4-8)。草地绿度高波动面积占比最大，为 67.596%，主要表现在典型草原和荒漠草原，荒漠草原主要分布在沿黄经济带上，受人为因素如经济活动和农业生产的影响较大；典型草原主要分布在中部干旱带，受自然因素如干旱、极端天气等的影响较大；荒漠草原和典型草原草地绿度呈上升趋势，较高波动面积占比为 22.745%，主要表现在中部和南部的典型草原上。中等波动、低波动和较低波动面积占比较小，分别为 6.970%、0.324% 和 2.365%，主要表现在草甸草原，草甸草原主要分布在六盘山周围，自然条件较好，且受人类干扰较小，在研究期绿度一直处于最高水平。

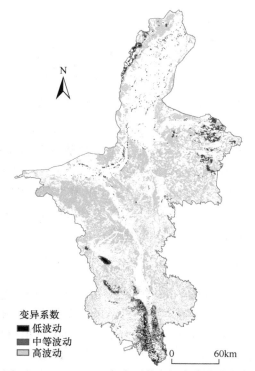

图 4-8　2000～2020 年宁夏草地绿度变化稳定性

2. 草地绿度变化趋势

运用 Theil-Sen Median 趋势法分析 2000～2020 年宁夏草地绿度年际变化趋势

的空间分布特征(图 4-9),进行 Mann-Kendall 显著性检验,草地绿度通过了极显著($P<0.01$)与显著($P<0.1$)的检验。

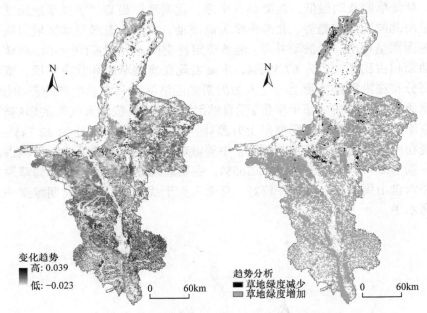

图 4-9　宁夏草地绿度变化趋势(左)及分析(右)

草地绿度总体上呈增加趋势,草地绿度变化趋势由南到北递减。计算表明,97.759%的草地绿度呈增加趋势,极显著增加趋势面积占比最大,为 48.779%,主要分布在南部和中部的典型草原和荒漠草原;草地绿度显著增加和不显著增加面积占比分别为 28.397%和 20.583%,主要分布在北部和中部的荒漠草原。草地绿度减少区域面积较少,占比为 2.241%,主要分布在北部荒漠草原;草甸草原无绿度减少趋势,典型草原无极显著减少趋势。

3. 草地绿度可持续分析

2000~2020 年,草地绿度 Hurst 指数为 0.194~0.905,空间上呈由南到北递减的格局,均值为 0.484,结合稳定性分析结果,认为整体上不具有可持续的绿化趋势。荒漠草原和典型草原的 Hurst 指数为 0.25~0.50,均值分别为 0.465 和 0.496,不具有持续的绿化趋势;草甸草原的 Hurst 指数为 0.525,大于 0.5,结合稳定性的分析结果,认为具备可持续绿化的趋势。Hurst 指数大于 0.5 的区域主要分布在六盘山、贺兰山、罗山三大自然保护区,"三山"区域呈绿化趋势,绿度有明显提升。Hurst 指数为 0.25~0.50 的区域主要分布在宁夏北部和中部的荒漠草原区域,在这些区域应继续采取一些生态措施,促使绿度进一步提升。市域尺度下,除固原市 Hurst 指数大于 0.5 外，其他各市均小于 0.5，呈现由南向北递减态势 (图 4-10)。

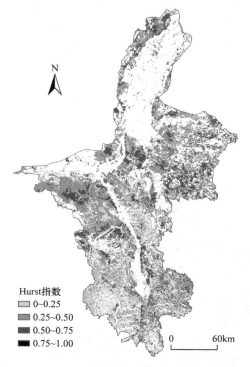

图 4-10　2000～2020 年宁夏草地绿度的 Hurst 指数

4.4　草地绿度对气候变化和人类活动响应

4.4.1　草地绿度对气候变化的响应

2000～2020 年宁夏草地 NDVI 与气温和降水量的显著性检验如图 4-11 所示。草地绿度与气温正负相关性并存。草地绿度与气温呈负相关的区域占 68.014%，主要分布在荒漠草原南部和典型草原，具有显著($P<0.1$)和极显著($P<0.01$)负相关的区域面积占比分别为 2.995% 和 0.109%。草地绿度与气温呈正相关的区域面积占比较少，为 31.986%，其中不显著正相关面积占比最大，为 31.709%，主要分布在荒漠草原和典型草原北部。草地绿度和降水量正负相关性并存。草地绿度与降水量呈正相关的区域面积占比可达 98.021%，其中不显著正相关面积占比最大，为 64.150%，主要分布在荒漠草原和典型草原的北部；具有显著($P<0.1$)和极显著

(P<0.01)正相关的区域面积占比分别为 29.403%和 4.468%，主要分布在典型草原的南部和草甸草原。草地绿度与降水量呈负相关的区域面积占比较小，零星分布在典型荒漠草原和典型草原分界线周围。草地绿度受气候因素驱动的区域面积占比为 99.041%，其中 30.985%的区域受气温和降水量共同驱动，主要分布于北部和中部。受降水驱动为主的地区占比最大，约占整个研究区面积的 67.096%，成片分布在宁夏的北部、中部、北部和中部分界线周围。

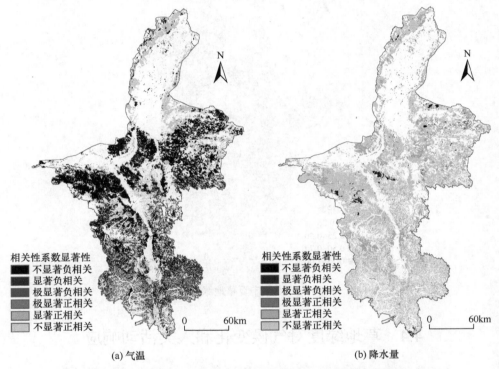

(a) 气温　　　　　　　　　　　　　　　(b) 降水量

图 4-11　2000～2020 年宁夏草地绿度与气温和降水量的显著性检验

　　与基准年比较，2001～2020 年气温和降水量均呈上升趋势，降水量上升速率快于气温上升速率，2001～2020 年草地绿度也呈上升趋势，说明气温和降水量对林草的绿度提升具有明显的促进作用(图 4-12)。

　　以 2000～2020 年草地绿度与气温、降水量多年月平均值为基础，计算得出草地绿度与前 0～2 月的气温、降水量的偏相关系数(图 4-13)。

　　草地绿度与当前月、前 1 月、前 2 月的气温主要呈负相关，负相关面积占比分别为 74.389%、99.974%、100%。草地绿度与气温的偏相关系数随月份的前移呈现出不同的空间特征，当前月、前 1 月、前 2 月偏相关系数较高的区域分别分布在宁夏南部、草甸草原、盐池，贺兰山一带草地绿度与气温偏相关系数较

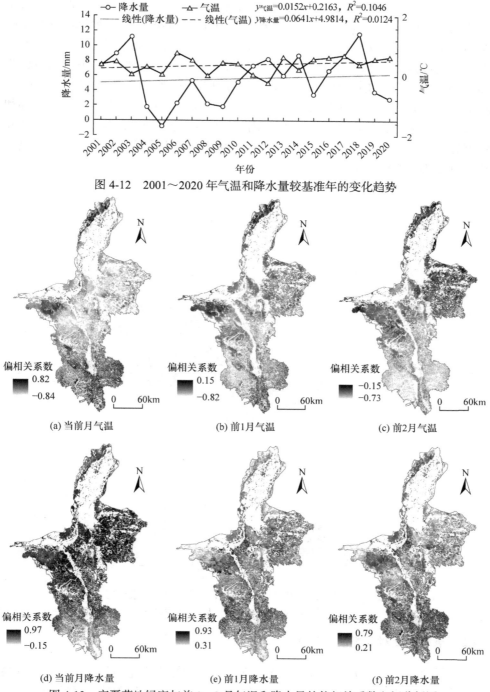

图 4-12　2001～2020 年气温和降水量较基准年的变化趋势

图 4-13　宁夏草地绿度与前 0～2 月气温和降水量的偏相关系数空间分析图

其他区域处于较高水平。草地绿度与当前月、前 1 月、前 2 月的降水量主要呈正相关，正相关面积占比分别为 96.969%、100%、100%。草地绿度与降水量的偏相关系数随着分析月份的前移，偏相关系数较大区域由北向南迁移。气候因素影响草地绿度的面积占比为 99.04%，气温和降水量共同驱动区域面积占比为 30.99%，主要分布在贺兰山、哈巴湖、罗山和六盘山等自然保护区(图 4-14)。受降水量驱动为主的地区面积占比最大，为 67.10%，成片分布在荒漠草地南部和典型草地；受气温驱动为主的地区面积占比较小，为 0.95%，零星分布在北部和中部分界线周围及宁夏最南部；0.96%的区域不受气温和降水量的驱动，零星分布在白芨滩和香山一带。

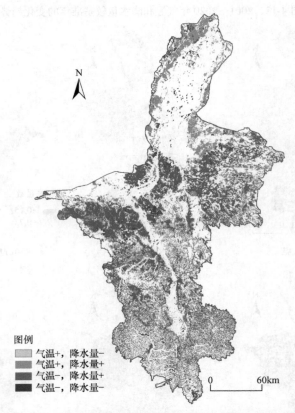

图例
- 气温+，降水量-
- 气温+，降水量+
- 气温-，降水量+
- 气温-，降水量-

0　　60km

图 4-14　宁夏草地绿度与气温-降水量的驱动因素分区
"+"表示正向驱动；"-"表示负向驱动

4.4.2　草地绿度对人类活动的响应

多元回归残差分析法可分离出人类活动对草地绿度变化的贡献，能有效反映人类活动对草地绿度的影响(图 4-15 和图 4-16)。草地多元回归残差系数变化正面

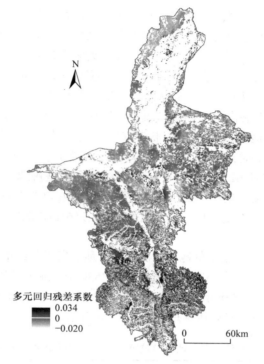

图 4-15　2000～2020 年宁夏草地多元回归残差系数分布

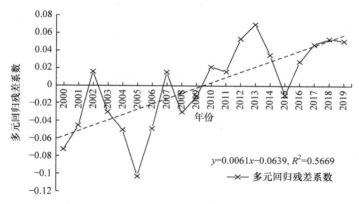

图 4-16　宁夏草地多元回归残差系数变化趋势

效应区域远大于负面效应区域。2000～2020 年草地多元回归残差系数总体呈上升趋势，草地绿度快速增长，这些区域草地除受气候因素影响外，实施的退耕还林(草)、植树造林等生态建设工程积极促进了宁夏草地绿度变化，人类活动正影响效应明显，多元回归残差系数为正的区域面积占比达 97.003%。多元回归残差系数为负的区域为人类活动对植被覆盖产生破坏作用的区域，面积占研究区总面积的 2.993%，其中贺兰山煤炭区大规模修复和生态保育工程措施的实施整体改善了草地绿度状况，但贺兰山特殊且脆弱的生态环境引发人类活动对草地绿度变化的负效应。沿黄经济带、黄河沿线等城市发展密集区也是多元回归残差系数为负的重点区域，这些区域既是社会经济与人类活动密集区，又是主要的粮食生产区，人类活动对草地绿度具有一定的破坏作用，特别是城市周边大量的草地转变为建设用地以满足城市发展需求，导致城镇周边区域草地绿度显著降低。

土地利用对草地绿度变化的影响具有明显的正负效应。城市化使得草地绿度降低，退耕还草和林地面积增加促进草地绿度提升。2000~2020 年，土地类型变化的面积约 2518.625km²，其中转出面积最多的是耕地，面积 1136.174km²，主要转移为低覆盖度草地(27.227%)和高覆盖度草地(47.747%)；转入面积较多的土地利用类型为中覆盖度草地，主要由耕地(58.956%)和低覆盖度草地(23.206%)转入。

2000~2020 年低覆盖度草地、中覆盖度草地、高覆盖度草地均表现为面积增加，分别增加 161.712km²、521.599km²、234.253km²，耕地、水域、未利用土地面积减少，分别减少 868.56km²、14.593km²、187.938km²。2000~2020 年宁夏草地正向效应区域土地利用变化转移矩阵如表 4-10 所示。

表 4-10 2000~2020 年宁夏草地正向效应区域土地利用变化转移矩阵(单位：km²)

2000 年	2020 年							
	林地	耕地	低覆盖度草地	中覆盖度草地	高覆盖度草地	水域	建设用地	未利用地
林地	401.12	5.59	10.57	10.60	9.70	0.59	2.28	1.07
耕地	26.32	2780.83	304.58	536.19	145.86	7.77	21.34	71.45
低覆盖度草地	23.97	147.66	7475.1	206.15	26.45	10.9	25.42	28.23
中覆盖度草地	31.55	85.03	151.23	7132.36	28.47	10.22	34.68	45.5
高覆盖度草地	4.13	1.99	19.71	11.94	624.13	1.11	1.97	1.16
水域	0.27	4.23	9.31	8.48	17.84	104.83	1.71	2.22
建设用地	0.32	3.08	3.01	2.57	2.74	0.16	72.40	0.45
未利用地	6.37	17.99	135.38	119.47	40.89	3.14	11.59	563.83

草地多元回归残差系数为正的主要为耕地和建设用地，面积分别减少了847.94km²、184.753km²，低覆盖度草地、中覆盖度草地和高覆盖度草地面积分别增加 164.996km²、508.738km²、229.947km²；草地多元回归残差系数为负的区域

主要为低覆盖度草地和中覆盖度草地，面积分别减少 20.62km²、3.284km²，其次为建设用地，面积增加 16.617km²。2000～2020 年宁夏草地负向效应区域土地利用变化转移矩阵如表 4-11 所示。

表 4-11　2000～2020 年宁夏草地负向效应区域土地利用变化转移矩阵(单位：km²)

2000 年	2020 年							
	林地	耕地	低覆盖度草地	中覆盖度草地	高覆盖度草地	水域	建设用地	未利用地
林地	20.42	0.07	0.60	1.50	0.54	0.17	0.56	0.01
耕地	0.18	21.71	4.77	6.30	4.69	1.14	3.01	2.59
低覆盖度草地	0.17	0.59	156.40	7.38	0.74	1.09	4.49	1.37
中覆盖度草地	0.53	0.65	1.88	278.84	0.96	0.92	6.07	0.89
高覆盖度草地	0.20	0.01	2.14	1.66	83.43	0.29	1.13	0.01
水域	0.04	0.45	0.92	3.97	2.34	12.70	0.50	0.02
建设用地	0.03	0.04	0.11	0.17	0.12	0.02	2.37	0.00
未利用地	0.01	0.25	2.13	3.78	0.36	0.19	1.35	10.79

4.5　宁夏生态系统服务价值损益分析

4.5.1　生态系统服务价值动态变化

2000～2020 年，生态系统服务价值呈逐年增加的趋势，由 2000 年的 1024.53 亿元增加至 2020 年的 1029.11 亿元，共增加 4.58 亿元(表 4-12)。

表 4-12　2000～2020 年宁夏生态系统服务价值

ESV 大类	ESV 亚类	ESV/亿元		2000～2020 年变化量/亿元
		2000 年	2020 年	
供给服务	食物生产	44.06	43.87	−0.19
	原材料生产	30.23	30.15	−0.08
	水资源供给	−7.06	−8.26	−1.20
调节服务	气体调节	93.82	92.79	−1.03
	气候调节	182.38	180.51	−1.87
	净化环境	70.71	70.79	0.08
	水文调节	386.69	396.80	10.11

ESV 大类	ESV 亚类	ESV/亿元		2000～2020 年变化量/亿元
		2000 年	2020 年	
支持服务	土壤保持	80.44	81.01	0.57
	维持养分循环	7.05	7.06	0.01
	生物多样性	100.18	98.53	−1.65
文化服务	美学景观	36.03	35.86	−0.17
	总计	1024.53	1029.11	4.58

四项生态系统服务功能中，除调节服务 ESV 增加 7.29 亿元外，其余三项生态服务 ESV 均呈降低趋势，其中供给服务 ESV 由 2000 年的 67.23 亿元减少至 2020 年的 65.76 亿元，减少 1.47 亿元，对区域生态系统造成的损失最多，支持服务和文化服务 ESV 分别减少 1.07 亿元和 0.17 亿元。

各亚类生态系统服务功能中，除水文调节、土壤保持、净化环境、维持养分循环功能的 ESV 增加外，其余功能均降低，其中气候调节、生物多样性和水资源供给功能 ESV 降低最为显著，分别减少 1.87 亿元、1.65 亿元、1.20 亿元。

2000～2020 年，生态系统服务功能得到明显改善，在推进山水田湖草协同治理的背景之下，林地、水域等生态用地面积增加使区域的水文功能有了很大的改善。在土壤保持方面，防治水土流失、土地沙化等保护措施使得地类质量得到很大提高。由于自然条件的限制，水资源有限，在经济快速发展的同时，城镇等生活用地扩张，水资源消耗过快，从而降低了水资源供给服务功能。在后续发展过程中，要合理使用水资源，严格限制高耗水产业发展，进一步提升水资源集约节约利用水平，提高水资源综合利用效益。

4.5.2　生态系统服务价值空间格局变化

宁夏生态系统服务价值的分布具有明显的阶段性和区域性特征(图 4-17)。

2000 年，ESV 的高值区主要分布在北部绿色发展区的贺兰山东麓、黄河干流、南部水源涵养区的黄河谷地和六盘山，低值区主要分布在沙坡头，各地区的 ESV 普遍较低。2020 年，ESV 的高值区主要分布在南部六盘山、黄河谷地、北部绿色发展区、六盘山东麓、灵武市白芨滩保护区，低值区主要在研究区的北部。2020 年，宁夏各地的生态系统服务价值均高于其他研究时段，且高值区明显多于其余时段。2010～2020 年生态系统的改善明显强于 2000～2010 年，主要是因为 2000～2010 年土地利用开发方式比较粗放，各地以增加耕地面积、大力开发未利

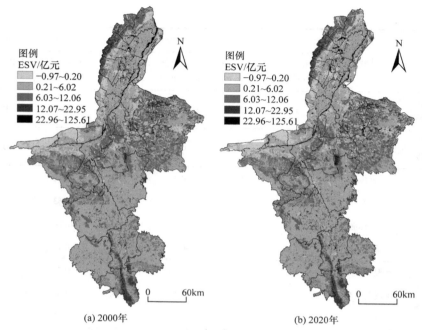

(a) 2000年　　　　　　　　　　(b) 2020年

图 4-17　2000 年和 2020 年宁夏生态系统服务价值分布图

用地、发展工矿和城镇等建设用地为主，各项生态修复工程才刚起步；2010～2020年各地加大实施生态修复工程的力度，对未利用地的开发逐渐趋向合理，在保证生态环境质量的基础上寻求高质量发展，生态修复效果显著。建设用地开发给生态系统带来损耗，2020 年在以银川市、石嘴山市、青铜峡市为主的重点开发区，生态系统服务价值仍比较低，另土地沙化、盐渍化对生态的影响仍比较严重，沙坡头、贺兰、中宁的 ESV 还很低。

4.5.3　三生用地与 ESV 变化关联特征

2000～2020 年宁夏不同地类的生态系统服务价值变化量如表 4-13 所示。

表 4-13　2000～2020 年不同地类面积与宁夏生态系统服务价值变化量

三生用地	地类	2000～2010 年		2010～2020 年		2000～2020 年	
		面积变化量/万 hm²	ESV 变化量/亿元	面积变化量/万 hm²	ESV 变化量/亿元	面积变化量/万 hm²	ESV 变化量/亿元
农业生产用地	水田	−0.94	−1.28	−1.30	−1.77	−2.24	−3.06
	水浇地	3.19	2.96	−1.51	−1.40	1.68	1.56
工矿生产用地	其他建设用地	2.72	−0.61	4.72	−1.06	7.44	−1.67

续表

三生用地	地类	2000～2010 年		2010～2020 年		2000～2020 年	
		面积变化量/万 hm²	ESV 变化量/亿元	面积变化量/万 hm²	ESV 变化量/亿元	面积变化量/万 hm²	ESV 变化量/亿元
城镇生活用地	城镇用地	0.96	−0.22	2.81	−0.63	3.77	−0.85
农村生活用地	乡村居民点	1.47	−0.33	0.65	−0.15	2.12	−0.48
林地生态用地	有林地	0.10	0.53	0.38	2.02	0.48	2.55
	灌木林	0.45	1.59	0.18	0.63	0.63	2.22
	疏林地	0.35	1.23	−0.01	−0.04	0.34	1.20
	其他林地	0.38	2.02	−0.55	−2.92	−0.17	−0.90
草地生态用地	高覆盖度草地	0.13	0.36	0.29	0.81	0.42	1.17
	中覆盖度草地	1.33	3.07	−3.72	−8.58	−2.39	−5.51
	低覆盖度草地	−6.40	−8.92	1.37	1.91	−5.03	−7.01
水域生态用地	河渠	−0.10	−2.91	−0.22	−6.40	−0.32	−9.31
	湖泊	0.00	0.00	0.01	0.29	0.01	0.29
	水库坑塘	0.99	28.80	0.55	16.00	1.54	44.80
	滩涂	−0.78	−22.69	0.09	2.62	−0.69	−20.07
其他生态用地	沙地	−3.54	−0.16	−4.39	−0.20	−7.93	−0.37
	戈壁	−0.84	−0.04	0.37	0.02	−0.47	−0.02
	盐碱地	−0.39	−0.02	−0.19	−0.01	−0.58	−0.03
	沼泽地	0.40	0.02	−0.19	−0.01	0.21	0.01
	裸地	0.39	0.02	0.13	0.01	0.52	0.02
	裸岩石质地	0.14	0.01	0.52	0.02	0.66	0.03
合计		0.01	3.43	−0.01	1.16	0	4.57

2000～2020 年，生态系统服务价值呈增长状态，共增加 4.57 亿元，但土地利用变化特征具有阶段性，不同地类引起生态系统服务价值呈不同的变化趋势。2000～2010 年，区域 ESV 增加 3.43 亿元；2010～2020 年，区域 ESV 增加 1.16 亿元，与前一时段的 ESV 增加量相比，后一时段的 ESV 增加程度减小。

农业生产用地的 ESV 在前一时段增加了 1.68 亿元，但在后一时段有所降低，降低量为 3.17 亿元。ESV 降低的原因一方面是城镇化进程加快，大量的建设用地扩张，耕地面积减少 0.56 万 hm²；另一方面是耕地结构的转换，加速了生态系统服务价值的消耗。工矿生产用地对区域 ESV 的影响也比较大，其面积共增加了 7.44 万 hm²，ESV 降低共造成 1.67 亿元的损耗，表明工矿生产用地面积扩张是 ESV 降低的主要原因。

城镇生活用地的 ESV 总体降低了 0.85 亿元，对应的面积总体扩张了 3.77 万 hm²，后一时段的 ESV 下降程度与面积扩张程度都比前一时段大；农村生活用地的 ESV 总体降低了 0.48 亿元，对应的面积总体扩张了 2.12 万 hm²，与城镇生活用地的变化不同的是，农村生活用地的 ESV 下降程度与面积扩张程度都比前一时段小。研究期内，城镇化扩张使得城镇生活用地面积增加幅度大，这是 ESV 下降的主要原因。

林地生态用地和水域生态用地的 ESV 呈增加的趋势，分别增加了 5.07 亿元和 15.71 亿元。林地生态用地后一时段的 ESV 相比前一时段略有下降，降低原因是疏林地与其他林地面积有所减少。水域生态用地的 ESV 一直增加，且后一时段的 ESV 增加程度比前一时段大很多，原因是研究区 2010～2020 年引黄灌溉工程、山林水田湖系统的建设，湖泊、水库坑塘、滩涂等面积增加，水域生态用地面积共增加了 0.43 万 hm²，促进了水域生态用地 ESV 的增加。

草地生态用地与其他生态用地的 ESV 都呈现减少状态，其中草地生态用地的面积在研究区占比最大，是主要的生态用地，其 ESV 下降最多，总体减少 11.35 亿元。大量的草地被开垦为耕地、城镇与农村建设用地，面积总体减少了 7.00 万 hm²。其他生态用地中，沙地与沼泽地的 ESV 都呈降低程度增大的趋势，说明该地类并没有得到有效的治理，对区域 ESV 造成了消极影响。对比发现，其他生态用地 2000～2010 年和 2010～2020 年的 ESV 差距很小，说明未利用地对生态系统造成的损失还需要警惕。宁夏整体的 ESV 有所增加，但是仍应该注意草地生态用地、工矿生产用地和城镇生活用地给区域生态系统的损耗，及盐碱地、沙地等未利用地的开发方式。

4.5.4　土地利用转移流与 ESV 损益流

由于土地利用类型的转移关系较多，选择生态系统服务价值累积贡献率达到 95% 以上的关键地类进行 ESV 损益分析(表 4-14)。

表 4-14　2000～2020 年主要土地利用类型转移方式及其贡献率

地类转移	面积/万 hm²	ESV 变化量/亿元	ESV 贡献率/%	累积贡献率/%
耕地转水域	1.28	35.63	30.56	30.56
草地转水域	1.14	32.85	28.18	58.74
未利用地转水域	0.42	12.14	10.42	69.16
草地转林地	2.77	9.82	8.43	77.59

地类转移	面积/万 hm²	ESV 变化量/亿元	ESV 贡献率/%	累积贡献率/%
耕地转草地	9.06	8.00	6.86	84.45
耕地转林地	0.97	3.28	2.81	87.26
草地转耕地	9.93	3.23	2.77	90.03
未利用地转耕地	3.30	3.07	2.63	92.66
林地转水域	0.08	1.99	1.70	94.36
未利用地转草地	3.72	1.76	1.51	95.87
增加总计	32.67	111.77	95.87	—
水域转耕地	1.01	−28.07	−32.51	−32.51
水域转草地	0.70	−19.39	−22.46	−54.97
水域转未利用地	0.29	−8.30	−9.61	−64.58
耕地转建设用地	5.19	−7.24	−8.39	−72.97
水域转建设用地	0.23	−6.68	−7.74	−80.71
林地转耕地	1.11	−3.61	−4.18	−84.89
林地转建设用地	0.67	−2.73	−3.16	−88.05
草地转建设用地	4.58	−2.56	−2.97	−91.02
草地转草地	218.92	−2.11	−2.45	−93.47
林地转草地	0.87	−1.79	−2.07	−95.54
减少总计	233.57	−82.48	−95.54	—

2000~2020 年, 宁夏生态系统服务价值整体上表现为提高。耕地转水域是最能提高 ESV 的转移流, 产生的价值量占总增量的 30.56%, 可见退耕还林、禁牧造林等政策对生态环境改善起显著作用。生态用地内部的转移能够为 ESV 增加带来 50.24%的贡献率, 如草地转水域、未利用地转水域、草地转林地等。因此在生态修复工程中, 加强草地质量的改善, 未利用地的合理开发利用等由低生态效益向高生态效益的提升, 很大程度上能促进生态改善。生态效益提高的同时, 部分措施也对当时生态环境产生了消耗。其中最大的消耗来自生态用地转出, 水域转耕地导致 ESV 减少 28.07 亿元, 占总耗损量的 32.51%。其次为生活用地扩张, 城镇等建设用地的扩张势必会导致耕地、草地等生产生态用地的 ESV 减少, 如耕地转建设用地 ESV 产生 7.24 亿元损耗, 占总耗损量的 8.39%。此外, 生态用地内部的转换对区域 ESV 降低也有影响, 如草地覆盖度发生变化时 ESV 产生 2.11 亿元损耗。总体生态系统服务价值的降低主要来自生态生产用地的转出。

第5章 黄河上游典型区省域尺度
生态网络构建与优化

省域尺度的生态网络能够发挥管控和指导的作用，通过合理判断生态源地、选择影响因子、精确识别廊道，确保生态廊道网络空间结构简明合理，能够提供较高的生态系统服务价值。宁夏是全国重要生态节点、重要生态屏障、重要生态通道，发挥稳定季风界线、联动全国气候格局、调节水汽交换、改善西北局部气候、阻挡沙尘东进的作用。总体上生态系统敏感脆弱，中部干旱带受周围荒漠化及自身降水量不足的影响，土地沙化比较严重；南部山区降水相对较多，黄土丘陵起伏较大，水土流失严重。

5.1 数据来源与处理

基于 ENVI 5.5 软件对遥感数据进行辐射定标、大气校正、镶嵌、裁剪等预处理，采用公式在 ENVI 5.5 中计算以得出 NDVI、NDWI，数据来源如下。

(1) 土地利用数据：2020 年 Landsat-8 OLI_TIRS 卫星遥感影像数据，空间分辨率为 30m×30m，来自中国科学院资源与环境科学数据中心，通过支持向量机方法进行监督分类，分为林地、水体、草地、建设用地、耕地和未利用地 6 类，总体精度 86.30%，Kappa 系数 0.9530。

(2) 地形地貌数据：数字高程模型(DEM)数据来自地理空间数据云(https://www.gscloud.cn)，空间分辨率为 30m；地貌数据来源于中国科学院资源环境科学与数据中心(https://www.resdc.cn)。

(3) 社会经济数据资料：由宁夏回族自治区统计局提供。

(4) NDVI、NDWI：来自地理空间数据云(http://www.gscloud.cn)。

(5) 生态保护红线与自然保护区数据：来自宁夏回族自治区自然资源厅。

(6) 流域数据：来自 HydroSHEDS 网站提供的流域数据集(https://www.hydrosheds.org)。

数据投影方式统一为 WGS_1984_UTM_Zone_48N，分辨率重采样为 30m×30m。

5.2　宁夏全域生态源地识别

5.2.1　宁夏全域 MSPA 景观格局特征

使用 Guidos ToolBox 软件,选取生态服务功能良好、能够作为物种栖息地的林地、水域及草地作为前景数据,赋值为 2;将不适于作为物种栖息地或对物种的迁移阻力较大的地类作为背景数据,赋值为 1。采用八邻域分析法进行分析,以识别出核心区、孤岛、孔隙、边缘区、桥接区、环岛和支线 7 种不重叠的 MSPA 景观类型(图 5-1)。最后进行面积等统计,提取核心区斑块作为连通性分析的生态源地。

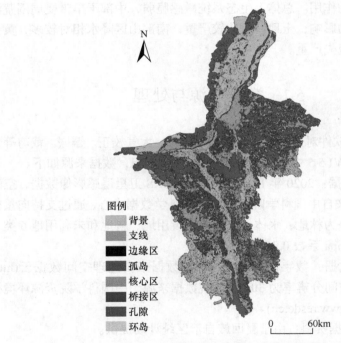

图例
- 背景
- 支线
- 边缘区
- 孤岛
- 核心区
- 桥接区
- 孔隙
- 环岛

0　　60km

图 5-1　宁夏 MSPA 景观格局(见彩图)

宁夏全域 MSPA 景观要素面积及占比计算结果如表 5-1 所示。计算表明,核心区面积合计 145.03 万 hm²,占景观总面积的 27.91%,分布广泛;孤岛斑块呈破碎状分布,面积占景观总面积的 2.65%,占比较小;孔隙面积为 10.84 万 hm²,占景观总面积的 2.09%,表明景观边缘效应较差,容易受外界因素干扰;边缘区是景观要素间的缓冲地带,占 7.90%,表明景观类型具有一定的边缘效应;桥接区是源地间的结构性廊道，其面积为 52.14 万 hm²，占 10.03%；环岛和支线便于物种的迁移及能量交换、物质流动，分别占 2.43%和 0.07%。

表 5-1　MASP 景观要素面积与占比

景观类型	面积/万 hm²	面积占比/%
核心区	145.03	27.91
孤岛	13.79	2.65
孔隙	10.84	2.09
边缘区	41.05	7.90
桥接区	52.14	10.03
环岛	12.62	2.43
支线	0.34	0.07

采用 Conefor 2.6 软件，基于多次模拟设置距离阈值为 5000m，按照连接概率为 0.5 计算出各生态源地之间的斑块重要性指数(dPC)和整体连通性指数(IIC)。dPC 最大值为 46.01，最小值为 0.01。对核心斑块重要性指数(dPC)进行累积贡献率分析，选取累积贡献率大于 80%即 dPC 大于 0.3 的核心区斑块为生态源地。

5.2.2　宁夏全域生态源地筛选

在选择生态源地时，将林地、草地、水域作为前景数据，也就是说生态源地将在这几类土地中产生，这符合生态源地的筛选要求。宁夏地处西部干旱与半干旱气候过渡带，草地类型有草甸草原、干草原、荒漠草原等不同类型，且荒漠草原的分布范围广泛。因此，基于 MSPA 景观计算结果、生态保护红线分布及自然保护区分布，进行叠加分析，剔除生态保护红线中的水土流失、土地沙化和石漠化等生态环境敏感脆弱区域，并结合实际情况剔除一些细碎斑块，选取 dPC>0.3 的 45 个斑块作为重要生态源地(图 5-2)，面积合计 1.00×10⁶hm²。由图 5-2 可以看出，宁夏的重要生态源地在空间上呈现比较均衡的格局；从数量来看，面积较小的重要生态源地多于面积较大的重要生态源地；从形态来看，重要生态源地形态各异；总体来看，面积较大的重要生态源地总体上呈带状，面积较小的重要生态源地以团块状为主要形态。

对生态源地的土地利用类型结构进行统计，结果如图 5-3 所示。生态源地呈现出林地、草地、水域的不同组合及占比。其中，以林地为主体的生态源地编号为 0、1、2、3、4、5、7、8、10、19、21、22、44，以水体为主的生态源地编号为 28、29、30、31、32、33、42，其余是以草地为主体的生态源地。

图 5-2　宁夏重要生态源地空间分布图

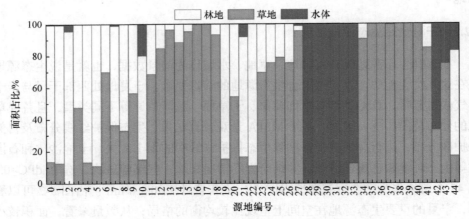

图 5-3　生态源地内林草水构成比例

5.2.3　宁夏全域生态源地等级划分

每一个生态斑块具有不同的生态能量，也就是说每一个生态斑块的影响力大小是不一样的。生态能量的数值越大，就可以说明该生态斑块的重要性越高。

为消除量纲的影响，采用线性比例标准化法中的极大值法对计算得到的各生态源地能量因子进行标准化处理，将能量因子标准化处理到 0～1，结果如图 5-4 所示。

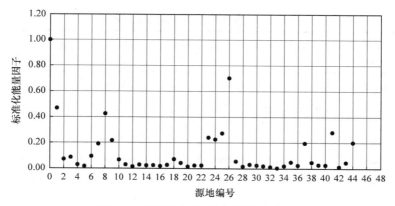

图 5-4　宁夏生态源地标准化能量因子

由于宁夏全域跨度较大，生态源地面积和组分结构差异，生态源地标准化能量因子差异显著，0 号和 26 号源地分别为六盘山自然保护区和贺兰山国家级自然保护区，是重要的生态保护屏障，标准化能量因子高。其余源地均分布于 0.6 以下，其中重要的自然保护区多处于 0.1～0.6，河湖湿地在 0.1 以下。

宁夏生态源地总体呈现出高等级源地南部地区略多、中北部地区略少的格局特征。生态源地标准化能量因子在 0.20～1.00 划分为一级源地，包括六盘山、火石寨、罗山、贺兰山、白芨滩、南华山、沙坡头和哈巴湖 8 个自然保护区等 10 个源地(其中六盘山和哈巴湖自然保护区分别包括 2 个一级源地)；标准化能量因子在 0.03～0.19 的划分为二级源地，包括党家岔(震湖)自然保护区、天湖国家湿地公园、青铜峡库区湿地和云雾山国家级自然保护区等 15 个源地；其他为三级源地，共 20 个，其中 30 号、33 号和 36 号分别为沙湖自然保护区、阅海国家湿地公园和香山寺国家草原自然公园。贺兰山、罗山、六盘山、白芨滩、沙坡头 5 个一级源地构成了生态源地的关键区。每个一级源地与周边二级、三级源地形成了生态源地组团：宁夏北部由贺兰山自然保护区与银川平原诸多湖泊湿地源地组合形成林湖型生态组团；中部为以罗山为核心的林草型生态组团；南部为以六盘山自然保护区为轴心的大六盘林草湖型生态组团；西翼为以沙坡头国家级自然保护区为核心的荒漠湖草型生态组团；东翼为以白芨滩国家级自然保护区耦合哈巴湖保护区的荒漠林草湖型生态组团。宁夏生态源地呈现为南北山地以森林生态系统为主、东西两翼以荒漠草原生态系统、平原系统和湖泊湿地系统为主的空间分布特征，形成了以山地森林生态系统为主体、耦合草地和湖泊湿地生态系统的复合型生态组团源地体系(图 5-5)。45 个生态源地对应的区域名称及生态组团类型见附表 A-1。重要生态源地面积与占比如表 5-2 所示。

表 5-2　重要生态源地面积与占比

源地编号	面积/hm²	面积占比/%	标准化能量因子	保护区等级	源地编号	面积/hm²	面积占比/%	标准化能量因子	保护区等级
0	69845.40	6.94	1.00	1(国家级)	23	61164.30	6.08	0.24	1(国家级)
1	49079.50	4.88	0.47	1(自治区级)	24	53766.20	5.34	0.22	1(国家级)
2	5474.71	0.54	0.07	2	25	60512.20	6.02	0.27	1(国家级)
3	13945.10	1.39	0.09	2(国家级)	26	233578.00	23.22	0.70	1(国家级)
4	3759.48	0.37	0.03	3	27	13225.40	1.31	0.05	2
5	1899.48	0.19	0.02	3	28	3708.38	0.37	0.02	3
6	22054.70	2.19	0.09	2	29	3300.15	0.33	0.03	2
7	24646.30	2.45	0.19	2	30	3531.74	0.35	0.03	3
8	45322.30	4.51	0.42	1(国家级)	31	1618.35	0.16	0.02	3(省级)
9	31121.10	3.09	0.22	1(国家级)	32	1430.94	0.14	0.01	3
10	10121.90	1.01	0.07	2(省级)	33	1987.73	0.20	0.00	3
11	7465.77	0.74	0.03	2	34	6764.97	0.67	0.02	3(省级)
12	3986.60	0.40	0.01	3	35	16051.20	1.60	0.05	2
13	6616.75	0.66	0.03	3	36	6249.35	0.62	0.02	3(省级)
14	4373.74	0.43	0.02	3	37	62416.70	6.20	0.19	2(省级)
15	5706.39	0.57	0.02	3	38	15020.10	1.49	0.05	2(省级)
16	4755.70	0.47	0.02	3	39	11362.60	1.13	0.03	2
17	6816.79	0.68	0.03	3	40	9568.94	0.95	0.03	3
18	18369.30	1.83	0.07	2	41	73084.20	7.27	0.28	1(国家级)
19	2863.09	0.28	0.04	3	42	1120.28	0.11	0.01	3
20	2396.59	0.24	0.02	3	43	8847.84	0.88	0.05	2(省级)
21	2381.54	0.24	0.02	3	44	11703.00	1.16	0.20	1(国家级)
22	2929.73	0.29	0.02	3					

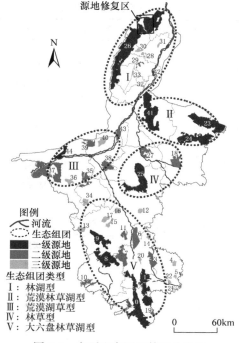

图 5-5　宁夏生态源地等级分类图

5.3　宁夏全域生态廊道提取

5.3.1　宁夏全域阻力因子选择

　　宁夏地形主要分为山地、平原、丘陵和台地，地势南高北低。坡度增大会对地表径流产生影响，发生水土流失的可能性大幅增加，生态适宜性和生态系统稳定性会随之发生变化，物种扩散和能量流通的景观阻力也会随之增大。道路建设在为社会经济增效的同时，也改变了自然景观的格局分布，对自然景观和生态系统造成严重的负面效应。归一化植被指数(NDVI)是反映农作物长势和营养信息的重要参数之一，可反映植被覆盖度。受人类活动干扰越小的 MSPA 景观类型，与源地特征越接近，其对物种运动和扩散的阻力就越小。综上，选取高程、道路距离、土地利用类型、NDVI、MSPA 景观类型为阻力因子(表 5-3)。

表 5-3　宁夏生态网络阻力值体系评价表

阻力因子	分级指标	阻力值	权重	阻力因子	分级指标	阻力值	权重
高程/m	<1200	10	0.1	NDVI	>0.6	10	0.1
	[1200，1400)	30			[0.5，0.6)	20	
	[1400，1600)	50			[0.4，0.5)	30	
	[1600，1800)	80			[0.3，0.4)	40	
	[1800，2000)	100			[0.2，0.3)	50	
	≥2000	150			<0.2	70	
道路距离/km	<0.5	150	0.2	MSPA景观类型	核心区	5	0.3
	[0.5，1.5)	100			桥接区	10	
	[1.5，3)	80			环岛	20	
	[3，5)	50			支线	30	
	[5，7)	30			孤岛	50	
	[7，14)	20			孔隙	70	
	>14	10			边缘区	90	
土地利用类型	林地	10	0.3		背景	200	
	草地	20					
	水域	30					
	耕地	60					
	未利用地	80					
	建设用地	150					

5.3.2　宁夏全域阻力面构建

宁夏各阻力面空间分异性显著。基于高程阻力面，空间分布主要呈南—北走向，阻力值由南部山区向北逐渐降低，低值区以银川平原为主；基于土地利用类型阻力面，大部分林草水分布地区生态阻力值较低，中心城区和沙漠地区阻力值较高，中值区主要分布于耕地和沿黄经济带周边；基于 MSPA 景观类型阻力面，以林草水作为背景值提取的核心区和桥接区是潜在的源和生态廊道，阻力值较低，建成区和荒漠地区林草水相对较少，阻力值较高；基于 NDVI 阻力面，低值区主要分布在宁夏南部山区和沿黄经济带周边地区，中高值区主要分布于西部、东部植被较稀疏的地区；道路距离阻力面中，道路呈交错密集网状分布，高值区主要分布于沿黄经济带和南部山区道路网密集处，中部地区重要生态功能区与道路距离较远，以中低值区为主；基于宁夏综合阻力面，生态阻力值空间上由中部地区向南北递增，低值区主要分布于中部地区和重要生态功能区，沿黄经济带周边以中值区为主,高值区主要分布于中心城区和沙漠地区(图 5-6)。

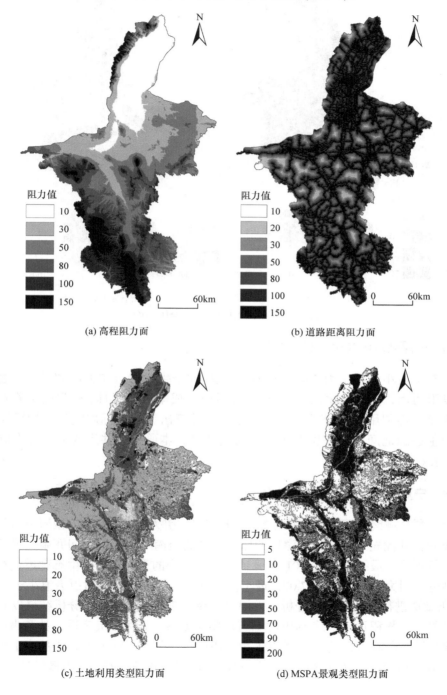

(a) 高程阻力面

(b) 道路距离阻力面

(c) 土地利用类型阻力面

(d) MSPA景观类型阻力面

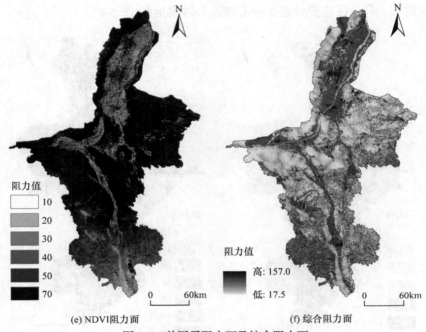

(e) NDVI阻力面　　　　　　　　　(f) 综合阻力面

图 5-6　单因子阻力面及综合阻力面

5.3.3　宁夏全域潜在生态廊道提取

基于最小累积阻力(MCR)模型，提取 45 个生态源地作为源和目标，通过宁夏阻力面，利用 ArcGIS 软件空间分析中的成本距离工具，得到最小累积成本距离；再利用空间分析中的成本路径，计算出源与目标之间的最短距离，即为生态源地间的潜在生态廊道。通过计算，本研究区共生成潜在生态廊道990 条。

5.3.4　宁夏全域生态廊道等级划分

宁夏全域南北跨度大，源地类型构成复杂，引力值极差较大，按照引力值优先级和物种优先迁移至临近源地的原则，从北至南对相邻源地间冗余交错的廊道进行剔除，最终筛选出 101 条廊道。通过改进的重力模型对生态廊道进行等级划分，引力最大值为 127.07，最小值为 0.01，极差较大。对引力值小于 2 的88 条廊道进行累积贡献率分析，以划分二级、三级生态廊道，分析结果以 60%为分界值，累积贡献率前 60%的廊道重要性更高，划为二级廊道，其余为三级廊道。最终选取引力值 $F > 2$ 的廊道为一级廊道，共 13 条；$0.8 < F < 2$ 的廊道为二级廊道，共 18 条；$F < 0.8$ 的廊道为三级廊道，共 70 条廊道。考虑显示清晰度，

将生态源地间的引力从大至小排序,对引力累积贡献率 85%之前的引力进行作图(图 5-7)。

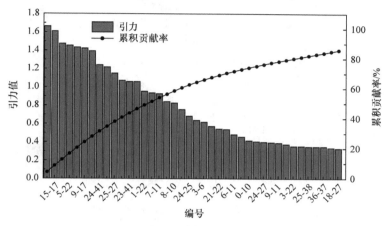

图 5-7 源地间引力值及累积贡献率

生态源地间的引力越大,说明斑块间连通性越强,廊道的作用越大。宁夏南部区域以一级廊道为主,分布密集;北部沿黄经济带以三级廊道为主,应加强生态适宜性建设;中东部以二级、三级廊道为主,多为长途走廊。总体看来,0 号源地为六盘山国家级自然保护区,与 1 号、19 号、3 号、7 号、8 号源地均有连接,且均为重要廊道;26 号源地为宁夏贺兰山国家级自然保护区,与周边河湖湿地连接程度较高;25 号源地为罗山国家级自然保护区,与 23 号、24 号、41 号源地均有连接,且以二级廊道为主,说明稳定性较强,生物迁移效果较好。以黄河和清水河流域为主的河流体系,既有廊道功能又有水生生物源地作用,提升北-中-南区域间的连通性,是维护生态安全和促进生物间物种交流的重要通道,有效推进生物多样性保护和区域可持续发展,具有极其重要的生态地位。南部和东部重要廊道较集中,应加强建设和保护,沿黄经济带应加强生态适宜性建设,加强源地保护措施,促进物种交流便捷。

5.4 宁夏全域生态网络空间结构特征

1. 宁夏全域生态源地空间分布特征

基于 MSPA 分析方法,共识别出 45 个生态保护红线区域作为宁夏全域尺度的生态源地(图 5-8)。

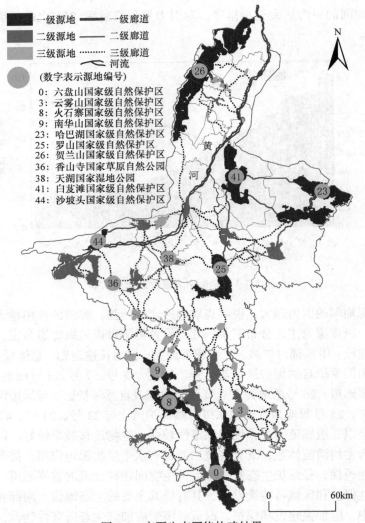

图 5-8　宁夏生态网络构建结果

　　北部地区以宁夏贺兰山国家级自然保护区为核心，发挥生物多样性维护、遏制扩散作用，宁夏平原周围生态源地呈现环状分布，分布较集中，闭合性良好；东部源地以白芨滩和哈巴湖国家级自然保护区为主，源地数量较少，源地间距较大，连通性相对比较低，应加强源地间的生态适宜性建设；西部地区以二级和三级源地为主，数目较多，分布较均衡；南部山区以一级和二级源地为主，分布集中，生态网络空间结构复杂，源地间生物交流路径选择多样，连通性较好，同时六盘山生态屏障发挥水源涵养、生物多样性维护等功能，生态稳定性较高；中部地区主要分布二级和三级源地，以罗山国家级自然保护区为核心呈环状分布，是东西南北区域之间生物交流的关键带，有效维持周边生态平衡的生态功能。

2. 宁夏全域生态廊道空间分布特征

宁夏全域共识别出 101 条潜在廊道。基于修正重力模型，北部以三级廊道为主，呈环状分布，闭合性较好；中部和东部地区以二级和三级廊道为主，多为长途走廊，整体呈闭环分布，须进一步提升连通性，进而有效促进北部和南部之间生物交流，南部山区以一级和二级廊道为主，生态网络复杂且集中分布，源地间生物交流廊道选择多样，连通性和闭合度较高；三级廊道南密北稀，应围绕沿黄经济带加强廊道间生态适宜性建设，进而依靠密布的生态廊道实现物种间生态交流，提高全域生态网络的稳定性。

3. 宁夏全域生态网络连通性特征

经过了多年的生态建设，生态源地质量和生态网络形成了基本的体系，但生态网络连通性较差：α指数为 0.21，β指数为 1.38，γ指数为 0.47。距离较长的生态廊道比例偏大，源地之间可供选择的路径不够多样，应进一步加强廊道之间的连通性，西部应加强生态适宜性建设，提高源地保护措施；南部山区和北部连通性较好，应该加强建设和保护；沿黄经济带源地数较少，较分散，须进一步改善，应该加强生态适宜性建设和加大物种间的迁徙和交流。整体上宁夏全域生态网络以"一河三山"——黄河、贺兰山、罗山和六盘山为核心，连接空间分布上较为孤立和分散的生态源地，需要加强重要生态功能区之间的生物迁徙和交流。

5.5　宁夏省域尺度生态网络优化问题

5.5.1　省域尺度生态网络优化的关键问题

1) 脚踏石的布设

源地与源地之间的廊道路径较长，同时生态过程中受人类活动影响也较大，生态廊道容易发生断裂。为了增加源地间生态网络的稳定性，进行生态脚踏石建设，在生物移动的过程中起到暂歇的作用，促进物种之间的迁移。本书首先结合以林草水为前景数据的 MSPA 分析结果对脚踏石的设定建设进行补充。在生态网络与核心区的叠加分析过程中，斑块重要性较高、连通性较高的斑块与生态保护红线重叠，与生态网络重叠部分较少，因此按照面积进行排序，选取前 100 个面积较大的斑块与生态保护红线进行叠加分析，进行生态脚踏石的建设；生态廊道与基于 DEM 得出的山脊线的交点是生态网络中最重要、最薄弱的点，因此也选作脚踏石。综上，共识别出 62 个脚踏石(图 5-9)，以促进物种之间的迁移和交流，增强生态网络的稳定性。

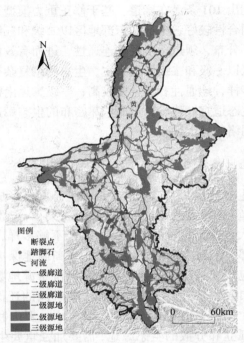

图 5-9　宁夏生态网络优化结果图(见彩图)

2) 生态断裂点的修复

由于人类的社会活动，生态廊道和道路的交会点易发生断裂，进而影响物种之间的迁移和交流，影响生态网络的稳定性。因此，将宁夏公路和高速公路与生态网络进行叠加分析，即可将交会点识别为生态断裂点，剔除冗余的断裂点之后，共识别出断裂点 58 个。在城市道路规划过程中，应尽量避开生物迁徙的主要通道，可设立天桥等，增强生态系统的稳定性。通过计算宁夏生态网络构建结果得出，α指数为 0.21，β指数为 1.38，γ指数为 0.47，说明宁夏全域生态网络之间闭合程度较好，但源地之间可供选择的路径不够多样。β指数大于 1 说明生态网络中节点有较多的连接线，复杂程度较高；γ指数为 0.47 说明生态网络中生态节点之间连接程度较高，由于全域跨度较大，还须进一步完善增强连通性。根据整体来看，北部和东部之间的生态网络还须进一步完善，南部和北部生态廊道数较多，连通性较好，须进一步建设和保护。

优化后，α指数为 0.34，β指数为 1.63，γ指数为 0.56；α指数增加了 0.13，β指数增加了 0.25，γ指数增加了 0.09。α指数、β指数、γ指数在优化后均明显上升，表明优化后的生态网络比优化前更趋完善。

整体上宁夏全域生态网络以"一河三山"——黄河、贺兰山、罗山和六盘山为核心，连接空间分布上较为孤立和分散的生态源地，呈网状闭合分布，满足物种的扩散、迁移和交换，需要进一步优化完善，进而加强重要生态功能区之间的生物迁徙和交流，为保护生物多样性、维持区域生态安全格局和构建山水林田湖草的完整生态系统提供依据。

5.5.2　省域尺度生态安全格局模式

根据宁夏"十四五"规划提出的以"一河三山"为主体，推进生态系统建设和重要生态功能区的生态保护和修复工程，建立以国家公园为主体、自然保护区为基础、各类自然公园为补充的自然保护地体系，围绕生态保护红线，完善生物多样性保护网络。其中，北部绿色发展区以贺兰山为优先区域，重点保护干旱自然生态系统、珍稀树种和岩羊等濒危动植物及其栖息地，加强沿黄湿地、城市内河内湖湿地保护；中部封育保护区以白芨滩、哈巴湖为优先区域，重点保护荒漠生态系统及珍稀野生动植物、毛乌素沙地和鄂尔多斯台地的内陆干旱区湿地生态系统和优良野生牧草种质资源；南部水源涵养区以六盘山为优先区域，重点保护水源涵养林、典型草原生态系统，以及珍稀野生动植物与牧草种质资源。基于此，提出宁夏以网带面的生态安全格局为"一带三屏三廊五组团"结构模式(图 5-10)。

"一带"为以黄河干流为主轴的银川平原河湖湿地系统生态带。"三屏"即贺兰山、罗山、六盘山生态屏障。贺兰山发挥生物多样性维护，遏制腾格里沙漠、乌兰布和沙漠、毛乌素沙地扩散，护佑宁夏平原绿洲安全等生态功能；罗山发挥中部干旱带防沙治沙生态屏障，阻挡毛乌素沙地南侵，维持周边生态平衡的生态功能；六盘山发挥水源涵养、生物多样性维护等功能。"三廊"即清水河水系廊道、西部—东南走向的大六盘廊道和中部干旱带西南—东北走向的 2 个山地生态廊道，发挥降解污染、提供生物迁徙通道等生态功能。"五组团"即北部贺兰山自然保护区与银川平原诸多湖泊湿地源地组合形成的林湖型生态组团，包括首府城市公园体系组团；中部以罗山为核心的林草型生态组团；西翼以沙坡头国家级自然保护区为核心的荒漠湖草型生态组团；东翼以白芨滩国家级自然保护区耦合哈巴湖国家级自然保护区的荒漠林草湖型生态组团；南部以六盘山自然保护区为轴心的大六盘林草湖型生态组团。其中，北、中、南源地分别围绕贺兰山、罗山、六盘山生态屏障形成关键生态组团，具有重要生态价值。整体上基于环境特征差异性形成的五组团为体现区域生态特色的东西南北中五种生物多样化生态组团，包含大量国家级、省级自然保护区和湿地公园，依靠密布的生态廊道实现物种间生态交流。

图 5-10　宁夏"一带三屏三廊五组团"生态安全格局(见彩图)

第6章 黄河上游典型区市域尺度
生态网络构建与优化

中卫地处宁夏中部干旱带，拥有山水林田湖草沙全部自然要素，是各元素发展冲突的高发区。近几十年来，中卫市一直是我国生态保护与修复的前沿阵地，尤其在治沙、植被恢复、水土保持等方面做出了长期艰苦的努力，取得了显著成效，积累了丰富的经验。本章以黄河上游风沙过渡地域——地级市中卫市为案例区，采用 MSPA-MCR 模型，结合重力模型探索生态网络的构建与优化，为市域生物多样性保护提供一定的决策参考[197]。

6.1 区域特征及数据来源

6.1.1 中卫市概况

地理位置方面，中卫市地处东经 104°17′～106°10′，北纬 36°06′～37°50′，总面积 1.7 万 km²。平原占 8.3%，荒漠丘陵山区占 69%，沙漠占 22.7%。中卫市地处腾格里沙漠东南前缘，黄河流经境内 182km，独特的自然环境形成了黄河河道滩漫地、河滨湿地和腾格里沙漠东南前缘与引黄灌区过渡地段的沙漠湿地。

自然地理方面，中卫市是黄河中上游第一个自流灌溉市，自古有"天下黄河富宁夏，首富中卫"之说。地势西南高，东北低，地貌类型主要为冲积平原、台地、沙漠、山地和丘陵。沙坡头以东自北而南为卫宁北山、腾格里沙漠、黄河冲积平原、香山北麓洪积台地(南山台子)、香山山地；西南部为山地、丘陵和沙漠，海拔 1194～2361m;西北部为腾格里沙漠，面积 1090.3km，占土地总面积的 23.7%；南部为丘陵山地，面积 3119km，占土地总面积的 67.8%；中部为黄河冲积平原，面积 390km，占土地总面积的 8.5%。气候类型属温带大陆性季风气候，干旱少雨。中卫城区深居内陆，远离海洋，靠近沙漠，属干旱气候，具有典型的大陆性季风气候和沙漠气候的特点。春暖迟、秋凉早、夏热短、冬寒长，风大沙多，干旱少雨。年平均气温 8.8℃，年降水量 179.6mm，年蒸发量 1829.6mm，为降水量的 10.2 倍。沙漠地区蒸发量可达 3206.5mm。水系方面，境内有黄河及其支流长流水、清水河三条主要河流(图 6-1)。黄河沿市域西北侧自西向东北流过，境内流程约182km，距市区约 2km。

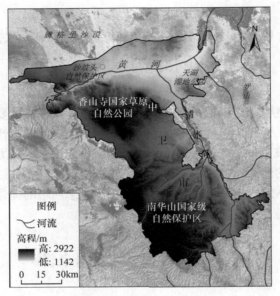

图 6-1　中卫市区位图

　　植被以干草原和荒漠草原为主，自然植被划分 5 个植被型组(灌丛、草甸、草原及草原带沙生植被、荒漠、沼泽和水生植被)、7 个植被型、12 个植被亚型、24 个群系，存在草原退化、沙漠化等问题，生态环境脆弱。农田防护林以杨树为主，防风固沙林以沙枣、杨树、花棒、黄柳为主，主要分布于北干渠以北及北部沙荒边缘。引黄灌区主要分布着成片林和零星用材林，以及枣、苹果、梨、杏等。天然次生林主要分布于香山地区的天景山、米钵山、黄色水山、香山寺等地区。土壤类型有灰钙土、风沙土、新积土、灌淤土、潮土等，其中灰钙土占 44.7%，风沙土占 17.7%，新积土、灌淤土、潮土等其他土壤占 37.6%。

　　中卫市西北部为腾格里沙漠的东南前缘，下辖沙坡头区、中宁县、海原县和海兴开发区。2020 年，中卫市年末常住人口数量为 106.73 万人，地区生产总值440.32 亿元，占宁夏回族自治区生产总值的 11.23%，比上年增加 2.67 亿元，增长0.61%；人均生产总值为 4.13 万元，比上年增加 0.39 万元，增长 10.44%。随着城市化快速发展，土地利用强度及广度逐年增大，生境斑块面积破碎化且质量明显下降，生态风险较大。近年来，中卫市大力实施"近水亲河、东扩南移、生态扩城、道路连城"的城市发展战略，生态环境明显改善。

6.1.2 数据来源与处理

本章采用的数据源有遥感影像、DEM、路网、水系等。

(1) 遥感影像及 DEM 数据均源于地理空间数据云(http://www.gscloud.cn),遥感影像 Landsat 8 OLI_TIRS 成像日期为 2020 年 10 月 16 日。

(2) 路网数据源于 Open Street Map 网站(https://openmaptiles.org)。

(3) 水系数据源于 HydroSHEDS 网站(https://www.hydrosheds.org)。

(4) 植被覆盖度基于 Landsat 8 OLI_TIRS 遥感影像数据,采用像元二分模型运算生成。

(5) 坡度数据由 DEM 数据生成。

(6) EVI 数据及 MNDWI 数据通过 2020 年 Landsat 8 OLI_TIRS 遥感影像计算获得。

(7) 土地利用数据基于 ENVI 5.5 软件支持,经过辐射定标、大气校正等预处理,采用随机森林法对遥感影像解译得到,通过混淆矩阵对其进行精度验证,总体精度达 91.28%,Kappa 系数为 89.67%。

(8) 基础数据中,行政矢量数据源于国家基础地理信息中心(https://www.ngcc.cn),自然保护区、生态保护红线数据源于宁夏回族自治区自然资源厅。

数据投影方式统一为 WGS_1984_UTM_Zone_48N,分辨率统一重采样为 30m×30m。

6.2 中卫市生态源地识别

生态源地的合理界定是构建科学的生态网络的前提和基础。学界关于生态源地的识别通常以面积较大的水体、植被为源地,或根据生态服务价值确定源地,或根据当地规划文件确定源地。MSPA 方法由于能够在识别生态源地时对前景数据类执行 MSPA 分段,从而忽略面积占比较低的景观类,在生态源地识别方面具有独特的优势而得以较为广泛的应用。

6.2.1 以林地和水体为前景的 MSPA 分析结果

以林地、水体为前景数据,MSPA 景观分析结果表明,核心区面积为 46582.34hm²,占前景面积的 41.25%,林地占 82.49%;其次为水体,占 17.07%。

对核心区碎片化数据进行修正合并,选取核心区面积大于 100hm² 的区域,作为进行景观连通性分析的基础数据。

利用 Conefor 2.6 软件,将距离阈值设置为 2000m,连接概率设置为 0.5,选取核心区景观斑块的整体连通性指数(IIC)和斑块重要性指数(dPC)两个评价指标,对获取的生态源地进行分析评价，最终提取 dPC>0.1 的 21 个斑块作为备选生态源地(表 6-1)。

表 6-1 以林地和水体为前景的生态源地景观连通指数与面积

源地编号	dPC	IIC	面积/hm²	源地编号	dPC	IIC	面积/hm²
0	0.95	0.93	158.62	11	1.42	1.40	182.71
1	4.16	4.14	962.74	12	0.56	0.54	123.48
2	13.55	13.53	2699.47	13	5.42	5.40	705.74
3	0.11	0.09	307.19	14	0.56	0.54	103.40
4	11.29	11.27	3362.04	15	3.31	3.29	435.69
5	14.48	14.46	2868.13	16	53.21	53.19	8464.84
6	0.67	0.65	104.41	17	0.99	0.97	203.79
7	0.45	0.43	112.44	18	5.03	5.01	659.56
8	0.16	0.14	1377.34	19	10.85	10.83	3165.28
9	0.13	0.11	134.52	20	3.94	3.92	1125.37
10	0.45	0.43	730.84				

6.2.2 以林地、水体和草地为前景的 MSPA 分析结果

以林地、水体、草地为前景数据，核心区面积最大，约为 612385.02hm²，占前景面积的 76.18%，草地在核心区内占比最高，为 86.81%；其次为林地(占 11.46%)、水体(占 1.52%)。边缘区和桥接区面积较大，具有边缘效应，边缘区面积约为 97367.58hm²，桥接区面积约为 34750.62hm²，说明中卫市斑块内部边缘破碎，易受到外部环境的干扰。

对核心区的碎片数据进行修正合并[49]，选取核心区面积大于 1000hm² 的区域，作为进行景观连通性分析的基础数据。利用 Conefor 2.6 软件，将距离阈值设置为 2000m，连接概率设置为 0.5，选取核心区景观斑块的整体连通性指数(IIC)和斑块重要性指数(dPC)两个评价指标，对获取的生态源地进行分析评价，提取 dPC>0.05 的斑块作为备选生态源地(表 6-2)。

表 6-2 以林地、水体和草地为前景的生态源地景观连通指数与面积

源地编号	dPC	IIC	面积/hm²	源地编号	dPC	IIC	面积/hm²
0	0.09	0.07	1091.23	4	0.19	0.17	13972.21
1	0.17	0.15	2700.48	5	3.44	3.42	6385.78
2	2.87	2.85	54118.98	6	0.05	0.03	1673.49
3	0.35	0.33	2890.21	7	0.39	0.37	20173.27

源地编号	dPC	IIC	面积/hm²	源地编号	dPC	IIC	面积/hm²
8	1.79	1.77	1316.11	23	0.44	0.42	1227.76
9	0.49	0.47	1113.32	24	12.01	11.99	18044.01
10	2.36	2.34	4285.63	25	1.11	1.09	2948.44
11	0.79	0.77	1752.80	26	1.57	1.55	5371.84
12	0.40	0.38	1046.06	27	0.86	0.84	2238.69
13	83.79	83.77	246269.53	28	0.31	0.29	1166.53
14	4.18	4.16	4144.08	29	6.44	6.42	20100.99
15	2.28	2.26	1013.93	30	16.60	16.58	23139.78
16	1.14	1.12	2724.57	31	0.10	0.08	3956.35
17	3.41	3.39	3174.32	32	0.11	0.09	6982.09
18	2.20	2.18	2632.21	33	0.23	0.21	15308.40
19	0.61	0.59	1187.61	34	9.68	9.66	27659.32
20	1.93	1.91	2901.26	35	0.46	0.44	1239.81
21	6.24	6.22	9815.08	36	1.69	1.67	6213.11
22	0.77	0.75	2643.26	37	0.24	0.22	1517.89

本章尝试探索将林地-水体-草地作为前景数据进行分析，结合生态保护红线区域，识别出生态源地的最优范围，这可有效避免生态源地识别面积大小对生态网络构建产生的影响。

经过多次模拟，将距离阈值设置为 2000m，连接概率设置为 0.5，对获取的生态源地进行分析评价，提取 dPC>0.05 的源地，与生态保护红线数据进行叠置分析（图 6-2）。二者的重合区共 17 块，作为最终生态源地，总面积为 30.48 万 hm²，占研究区总面积的 22.33%。总体来看，中卫市生态源地分布均匀，生态源地包括国家级及省级自然保护区等重要生态功能区。

在干旱生态脆弱区生态源地识别中，需要注意以下问题。如果以林地和水体为前景数据，容易忽略地类面积大小问题，以林地、水体和草地为前景数据，又容易引起生态源地面积过大，导致生态源地分布对人类活动区域产生影响。中卫市位于黄河上游生态脆弱区，气候干旱，降水量少而蒸发量大，植被覆盖度低，草地属于其基质植被类型，是很多草原动物的重要栖息地。比对以林地+水体、林地+草地+水体为前景的两种源地识别结果，认为在干旱生态脆弱区应以第二种前景方案为宜，但要综合考虑生态保护红线、生态服务质量等对第二种方案核心区结果的进一步约束，最终选取比较合理的生态源地识别结果。

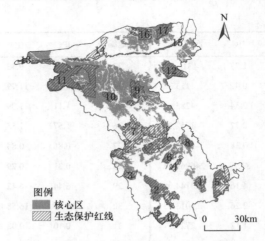

图 6-2　中卫市生态源地提取结果图

6.2.3　中卫市生态源地结构分析

中卫市降水量少而蒸发量大，草地属于其基质植被类型，是多种草原动物的重要栖息地。从景观构成上看，生态源地景观类型以草地、林地为主，其次为水体(图 6-3)。0 号、2 号、14 号源地的林地面积占比最大，9 号、10 号、13 号、16 号、17 号源地中，草地面积占比较大，面积共 23.00 万 hm²，占总源地面积的 75.46%，林地、水体面积占比较小，两者之和占生态源地总面积的 14.68%。MSPA 的 7 种景观类型总面积为 80.39 万 hm²，占研究区的 58.9%。其中，核心区面积为 61.24 万 hm²，占前景数据的 76.18%，且以草地为主，占 86.81%；其次是林地，占 11.46%；水体占比最小，占 1.52%。边缘区和桥接区面积较大，边缘区面积为 9.74 万 hm²，占景观类型的 12.11%，桥接区面积为 3.48 万 hm²，占景观类型的 4.32%(图 6-4)。

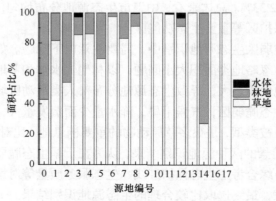

图 6-3　生态源地内林水草构成比例

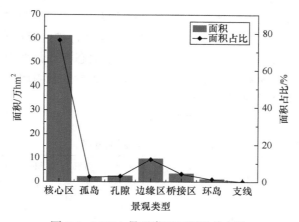

图 6-4　MSPA 景观类型面积及其占比

6.2.4　中卫市生态源地等级划分

通过生态源地能量因子等级划分，最终确定中卫市的生态源地空间格局如图 6-5 所示。

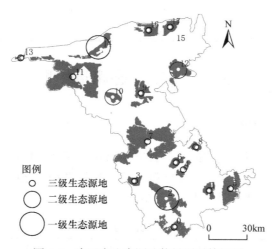

图 6-5　中卫市生态源地能量因子等级图

中卫市生态源地中，标准化能量因子在 0.71～1.00 的划为一级源地，包括南华山国家级自然保护区和沙坡头国家级自然保护区；标准化能量因子在 0.31～0.70 的划为二级源地，包括香山寺国家草原自然公园和天湖国家湿地公园；其他源地分布分散，类型众多，各源地面积有大有小，斑块碎片化程度比较严重。7 号和 11 号源地面积最大，可其所在区域不是重要保护区域，实际情况中 7 号和 11 号源地处于矿产开发和水土保持区域，适合生物栖息的林地和水体区域较少，能量因子低，均划分为三级源地。15号生态源地呈长条形，将其归结为廊道。

按照能量因子将生态源地分为三个等级，与自然保护区等级有很高的吻合度，说明生态源地分级结果合理。其中，2号和14号生态源地分别为南华山国家级自然保护区和沙坡头国家级自然保护区；10号和12号生态源地分别为香山寺国家草原自然公园和天湖国家湿地公园。

重要生态源地分级详细情况如表6-3所示。

表6-3　重要生态源地分级

源地编号	面积/hm²	面积占比/%	标准化能量因子	保护区等级	源地编号	面积/hm²	面积占比/%	标准化能量因子	保护区等级
0	14390.52	4.55	0.10	三级	9	16038.31	5.07	0.08	三级
1	7063.96	2.23	0.07	三级	10	6244.36	1.97	0.50	二级(省级)
2	29293.02	9.26	0.70	一级(国家级)	11	66763.00	21.12	0.10	三级
3	5986.16	1.89	0.05	三级	12	15008.12	4.75	0.65	二级(省级)
4	4594.56	1.45	0.04	三级	13	1139.62	0.36	0.01	三级
5	23011.42	7.28	0.13	三级	14	8505.66	2.69	1.00	一级(国家级)
6	6283.52	1.99	0.05	三级	16	9561.29	3.02	0.05	三级
7	74378.28	23.52	0.12	三级	17	12119.91	3.83	0.05	三级
8	4436.65	1.40	0.04	三级					

6.3　中卫市生态廊道提取

6.3.1　中卫市阻力面构建

物种在不同生态源地迁移的难易程度即为景观阻力，物种生存越适宜的生态源地生境，物种迁移阻力越小，反之越大[78]。选择高程、坡度、道路距离、土地利用类型、植被覆盖度为阻力因子(表6-4)。

表6-4　中卫市阻力值体系评价表

阻力因子	分级指标	阻力值	权重	阻力因子	分级指标	阻力值	权重
高程/m	<1200	10	0.15	土地利用类型	林地	10	0.30
	[1200, 1400)	30			草地	20	
	[1400, 1600)	50			水域	30	
	[1600, 1800)	80			耕地	60	
	[1800, 2000)	100			未利用地	80	
	>2000	150			建设用地	150	

续表

阻力因子	分级指标	阻力值	权重	阻力因子	分级指标	阻力值	权重
坡度/(°)	<3	5	0.15	植被覆盖度/%	<30	120	0.20
	[3, 10)	10			[30, 40)	80	
	[10, 15)	30			[40, 50)	50	
	[15, 20)	50			[50, 60)	30	
	[20, 30)	80			≥60	10	
	[30, 45)	100					
道路距离/km	<0.5	150	0.20				
	[0.5, 1.5)	100					
	[1.5, 3)	80					
	[3, 5)	50					
	[5, 7)	30					

　　阻力面的格局影响动物迁徙与移动的路径。中卫市不同因子的阻力面格局差异较大(图 6-6)。结合成本距离栅格数据与成本回溯链接栅格数据，得到最小耗费路径，生成潜在生态廊道 137 条。考虑实际物种迁移过程中优先以较近源地作为迁移的暂歇点完成迁移，将潜在生态廊道叠加在综合阻力面上，剔除冗余廊道，最终生成 33 条生态廊道。

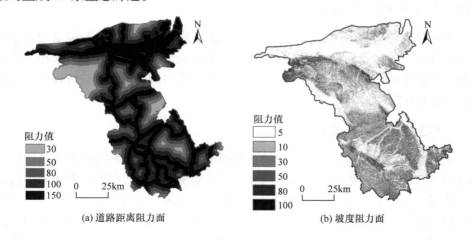

(a) 道路距离阻力面　　　　　(b) 坡度阻力面

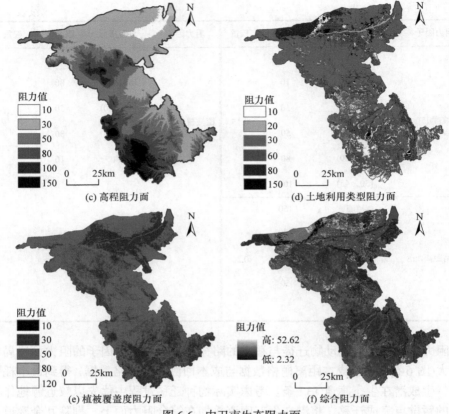

图 6-6　中卫市生态阻力面

6.3.2　中卫市潜在生态廊道提取

源地之间的生态引力值越大，表明生态源地间联系越紧密，物能流和信息流的强度越高。基于重力模型，定量识别生态源地斑块间的相互作用力大小，计算得到生态源地间廊道的引力矩阵。对不同源地间引力值按照大小进行排序，生成累积贡献率(图 6-7)。

6.3.3　中卫市生态廊道重要性界定

源地之间引力值差异较大，根据重力模型结果及保证源地互相贯通的原则，筛选出重要廊道和一般廊道。根据研究区实际情况，选出累积贡献率达 60% 的源地间廊道，即生态源地之间引力值大于等于 5 的廊道，作为重要廊道，小于 5 的为一般廊道，共识别 8 条重要廊道、25 条一般廊道。网络中部廊道分布稀疏，南北区域廊道分布密集，从南到北连接的走廊多为长途走廊，整体上形成了沿南北方向连接并贯穿中卫市的生态网络。

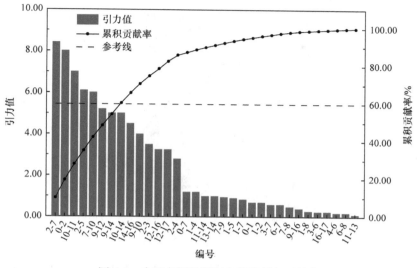

图 6-7　中卫市源地间引力值及累积贡献率

6.4　中卫市生态网络空间结构特征

1. 中卫市生态源地类型及分布特征

根据上述流程, 共识别中卫市生态源地 18 块, 剔除条带状源地(此处条带状源地不作为研究对象, 将其归为生态廊道), 最终识别生态源地 17 块。生态源地分布均匀, 没有破碎化较为严重的斑块, 种类多样。生态源地包括南华山国家级自然保护区、沙坡头国家级自然保护区、天湖国家级湿地公园、香山寺国家草原自然公园等重要的生物栖息源地。南华山具有黄土高原森林草原地带最为典型、保存最完整的森林草原生态系统, 是生物生存的首选之地, 识别的生态源地涵盖了水土保持区域, 在生态源地中所占比例较大(图 6-8)。

2. 中卫市生态廊道类型及分布特征

在识别出的中卫市生态源地间共提取生态廊道 33 条, 生态廊道的类型以河流生态廊道和草地生态廊道为主。生态廊道在各源地间连接紧密, 其中黄河生态廊道和黄河一级支流清水河生态廊道可为生物迁移及栖息提供生存必需的物质, 是重要的生态廊道。南北清水河廊道、东西黄河廊道交叉, 通过模型计算识别的生态廊道, 南北贯通, 东西连接。其中, 连接南华山国家级自然保护区、沙坡头国家级自然保护区和香山寺国家草原自然公园的生态廊道贯穿中卫市南北, 形成了连接重要生态源地的生态廊道, 是整个生态网络结构稳定的要素。最终, 在三

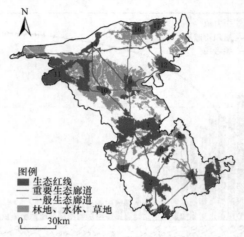

图 6-8　中卫市生态网络分布图

条重要生态廊道及一般生态廊道的基础上，中卫市呈现生态源地均匀分布、生态廊道稳定贯穿的合理结构。

3. 中卫市生态网络连通性特征

生态源地之间存在一定的生态引力关系，引力值越大，表明生态源地间联系越紧密，物能流和信息流的强度越高。其中，1 号源地与 0 号、2 号、4 号、5 号、8 号源地均有连接，7 号源地与 3 号、6 号、8 号、9 号、10 号源地均有连接，9 号源地与 7 号、10 号、12 号、14 号、16 号源地均有连接。因此，1 号、7 号、9 号源地是所有生态源地中较为稳定的，需要对其加强建设和保护。5 号源地仅与 1 号源地之间有一条廊道，13 号源地与 17 号源地有一条廊道，说明 5 号源地与 13 号源地需要加强生态适宜性建设，增强该源地保护措施，增加源地的连接，以促进物种之间迁移和交流。

6.5　市域尺度生态网络优化

6.5.1　中卫市生态网络优化的思路

1) 生态源地优化思路

中卫市草原退化、沙漠化、景观破碎化程度严重，除一级源地，二级和三级源地植被覆盖度普遍偏低，孔隙、孤岛、边缘区、桥接区等景观类型较多，需要在今后发展中加大生态源地的保护与修复力度。一级生态源地还需要继续加强林水草的建设，提高源地植被覆盖度，并且要加强源地与周边源地、边缘类绿色基础设施的资源整合，拓展生态源地面积，打造连通成片的生态核心，巩固一级生态源地地位。二级生态源地可以通过整合周边孤岛及边缘资源，多植树造林，大力倡导退耕还林还草，丰富生物多样性，减少生态景观破碎化、孤岛化现象。完善城市绿道与公园建设，可结合街角、水系和社区公共服务设施，灵活设置口袋绿地，结合河道水系、生态廊道，把中卫市建设成为水绿交融、城景相映的城市绿道布局结构。

2) 生态节点的优化思路

生态节点优化主要从以下两方面开展。一是脚踏石建设。生态过程受到人类活动影响，生态廊道易发生断裂，建设生态脚踏石可以起到生物暂歇的作用，提高生态廊道的连通性，降低生态廊道的消费成本，增强研究区生态网络的生态服务功能及生态网络的稳定性。在生态网络中选取研究区内累计阻力路径最大、山脊线与生态廊道交点处且面积最大的斑块作为脚踏石，经识别筛选后最终确定应建立 24 个脚踏石。二是断裂点修复。生态廊道中交通路网经过的区域易发生断裂，不利于生物迁徙及信息交流，会造成生态断裂点的存在。根据中卫市道路数据与生态廊道数据叠加求交点，对生态断裂点进行识别，剔除冗余点，共识别 38 个生态断裂点。为避免生态迁移过程中出现与人类活动正面冲突的可能性，可提前在城市道路规划中重视和考虑生物迁徙问题，尽可能避开生物可能迁徙的道路，或为其专门设置特殊通道，如天桥等，预留足够空间，尽可能减少人类活动对生态过程的干扰，以扩大生态过程的稳定性；营造高绿度、高连通、全龄化、全天候的公共场所，提升公共空间的可达性与丰富度。

3) 生态廊道的保护与修复

考虑中卫市特殊的区域位置及形成的生态网络结构，将带状的黄河源地、部分穿越中卫市的清水河及生成的连接南北源地的重要廊道连接形成一级生态廊道，加强生态廊道适宜性建设，提高廊道间的连通性。

4) 生态网络的稳定性对生态网络的有效性有直接影响

采用网络分析法中网络闭合度指数（α指数）、线点率（β指数）、网络连通性指数（γ指数）对研究区规划前后的生态网络质量进行计算，规划前α指数、β指数、γ指数分别为 0.21、1.33、0.48，优化后分别为 0.23、1.38、0.50。经统计，α指数提升 9.5%，β指数提升 3.8%，γ指数提升 4.2%，说明优化后的网络中闭合环路较多，源地之间的连通性较强，网络结构稳定，抗干扰能力更强，物质与信息流动更加灵活。

6.5.2　中卫市生态安全格局模式

中卫市是沙漠、黄河、草原、荒漠景观的聚集地。参考中卫市国土空间总体规划方案，未来应以维护生态安全、保持自然生态系统的完整和功能为目的，重点做好各项保护工程，包括腾格里沙漠南缘立体防风固沙体系工程的维护与提升，生态移民的迁出区修复，香山台地和海原县草原荒漠化地区的生态修复，以推进宁夏西华山、香山寺国家草原自然公园建设，从而打造黄土高原半干旱型草原生态系统样板；加强黄河干、支流岸边绿地和湿地整治与修复工程的实施；推进南华山水源涵养林建设，大力实施乔灌混交林业建设项目等等，努力建设绿色生态屏障，按照"四核三廊多点"的空间结构模式进行建设与保护(图 6-9)，塑造开放宜人的蓝绿交往空间，以实现"北御风沙，中保护草，沿黄治水，南保水土"的目标。其中，四核分别为沙坡头国家级自然保护区、南华山国家级自然保护区、香山寺国家草原自然公园、天湖国家级湿地公园；三廊分别为黄河生态廊道、清水河生态廊道、中卫西部草地生态廊道；多点指除四核以外的其他生态源地。围绕上述四核与三廊，形成多点生态源地体系。

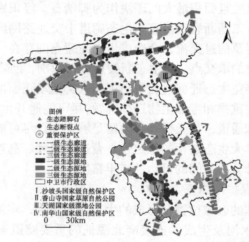

图 6-9　中卫市"四核三廊多点"生态安全格局(见彩图)

　　今后发展中，需要进一步强化流域综合治理，保障水安全，恢复水生态；科学实施修复措施，遏制林分退化，提升天然林质量，引导生态系统质量明显改善、功能显著提升、稳定性不断增强，实现林业高质量发展；促进草地资源质量提升，着力支撑黄河上游重要生态安全屏障的构筑，形成健康稳定的草原生态系统；建立"点-线-面"结合的绿地系统，提高城市的绿化配置和设施水平，保护生物多样性，建立生态资源友好的城市湿地资源，塑造开放人本的蓝绿交往空间，打造绿色韧性国土空间。

第7章 黄河上游典型区县域尺度
生态网络构建与优化

  荒漠-绿洲交互区的人地关系突出表现为四大类型：绿线进沙线退、沙线进绿线退、拉锯战、边界相对稳定。灵武市既是黄河上游地区防风固沙的典型案例区，又是高质量发展的关键区。该区域经历了绿洲建设与荒漠化防治，呈现出农区-生态区-能源区综合发展的国土开发格局。如何探寻防沙治沙生态建设与区域社会经济发展的协同发展，是该区域落实黄河流域生态保护和高质量发展战略的核心问题。本章以县级市——灵武市作为干旱半干旱过渡带区县域生态网络构建的案例区，研究特色主要是在生态网络和社会经济网络"双网"互作关系的分析下，探究区域生态安全格局的问题。

7.1 研究区概况及数据来源

7.1.1 灵武市概况

  灵武市(县级市)隶属于银川市，位于东经 106°11′～106°52′，北纬 37°35′～38°21′，总面积 3846km²。按照土地利用格局可以分为四大地域类型区：西部为银川平原东部绿洲农业区(灵武市城区位于西部绿洲农业区)，中部为以荒漠生态系统为主要保护类型的白芨滩自然保护区，东部为宁东能源工业区，南部为奶产业牧区(图 7-1)。白芨滩自然保护区内南部以沙地丘陵为主，北部山地以荒漠为主，景观类型以荒漠草原、灌木林地指标和流动沙丘为主，生态环境本底脆弱。随着国家重化工能源基地——宁东基地的建设，土地利用时空结构发生快速变化，导致动植物生境快速破碎化。白芨滩位于毛乌素沙漠西南边缘。宁东基地位于宁夏中东部，与陕西榆林、内蒙古鄂尔多斯共同构成国家能源"金三角"，是国务院批准的国家重点开发区，成立于 2003 年，是国家产业转型升级和国家能源"金三角"重要的一极。宁东基地以煤炭、电力、现代煤化工为主导，形成了集群化协调发展的现代能源化工体系，先后被列入国家 14 个亿吨级大型煤炭基地、9 个千万千瓦级大型煤电基地、4 个现代煤化工产业示范区。2020 年，园区工业总产值达到 1300 亿元，对宁夏工业增长贡献率超过 30%，成为西北地区第一个产值过千亿元的化工园区。

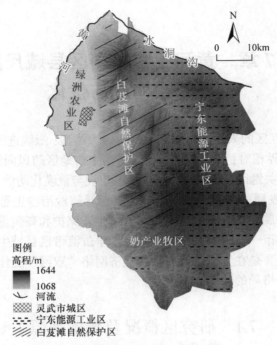

图 7-1　灵武市研究区概况图

7.1.2　数据来源与处理

　　本章数据源包括 Landsat 8 OLI_TIRS、DEM、道路、行政区划等，数据来源如表 7-1 所示，其中，白芨滩自然保护区数据来源于宁夏自然资源厅。软件有 ArcGIS 10.8、ENVI 5.5、Guidos Toolbox 3.0 等，数据预处理主要是基于 ENVI 5.5 对 Landsat 8 OLI_TIRS 影像进行辐射定标、大气校正、裁剪等操作，通过支持向量机方法并结合高德地图及相关数据对灵武市土地利用数据进行监督分类，分为林地、水体、草地、建设用地、耕地和未利用地 6 类，运用混淆矩阵的方法对解译的土地利用类型进行精度验证，分类总体精度 96.35%，Kappa 系数为 0.9546；数据投影方式统一为 WGS_1984_UTM_Zone_48N。

表 7-1　灵武市数据来源及其说明

数据名称	数据产品	来源	分辨率
土地利用栅格数据	2021 年 7 月 31 日 Landsat 8 OLI_TIRS 卫星数字产品	地理空间数据云 (http://www.gscloud.cn)	30m
行政区划	乡村行政区划数据集	全国地理信息资源目录服务系统 (https://www.webmap.cn)	1：25 万

续表

数据名称	数据产品	来源	分辨率
道路、水系数据	道路及水系数据	全国地理信息资源目录服务系统 (https://www.webmap.cn)	1：25 万
DEM 数据	ASTER GDEM 30m 分辨率数据高程数据	地理空间数据云 (http://www.gscloud.cn)	30m

7.2 灵武市土地利用变化特征

7.2.1 灵武市土地利用空间格局变化

2000～2020 年，灵武市土地利用格局发生了很大变化(图 7-2)。

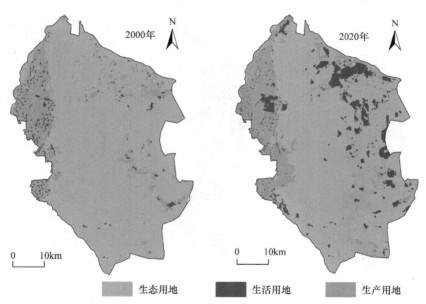

图 7-2 2000 年和 2020 年灵武市土地利用格局变化

　　在绿洲农业区，部分碎片式的建设用地经过治理，发展为耕地，使得灵武市西北部沿黄河区域成为典型的农业区域；水体、林地、未利用地转为耕地的面积较小。此外，部分耕地转为建设用地，这主要是因为自然保护区的建设及宁东能源工业区的开发使得东部零散旱地进一步萎缩，农业发展重心进一步向西部沿黄灌区倾斜。从空间来看，2000 年灵武市西部是绿洲农业区，并在中部和东部有较多的旱地散布，草地和未利用地分布较多，体现为自然牧区。随着城乡结合发展与乡村振兴等政策大力实施，工业化、城镇化快速推进，生活用地扩张迅速且主要表现为城镇用地及工业用地的扩张,主要扩张区域为灵武市城区及宁东能源工业区。2020 年,形成了西部为绿洲农业区、中部为自然保护区、东部为能源工业区、南部为奶产业牧区的基本格局,国土空间功能分区明显优化。

7.2.2　灵武市绿洲线动态变化特征

绿洲线指绿洲的边界线,是荒漠绿洲生态系统演进态势的重要指示性指标之一,突出表现为四大类型:绿线进沙线退、沙线进绿线退、拉锯战、边界相对稳定。2000～2020 年,绿洲东缘与荒漠的交互边界呈现向东扩张态势,且以绿洲东北段和东南段扩张幅度较为显著,沙地范围明显萎缩(图 7-3)。

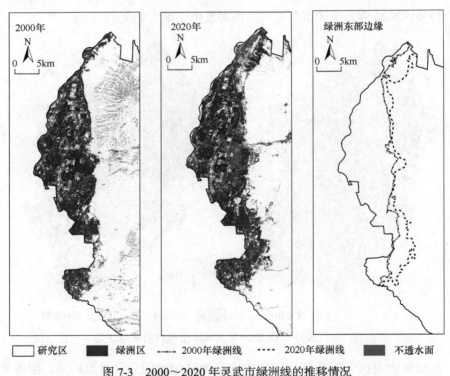

| 研究区 | ■ 绿洲区 | ------- 2000年绿洲线 | ····· 2020年绿洲线 | ■ 不透水面 |

图 7-3　2000～2020 年灵武市绿洲线的推移情况

21 世纪以来,通过植树造林、草方格固沙等方式,灵武市营造防风固沙灌木林 68 万亩,控制流沙面积近百万亩,明显抑制了毛乌素沙地向南移动、向西扩张,绿洲线向荒漠方向持续推进,在绿洲东北段和南段表现较为突出,其中南段的推进距离为 5～6km。此外,植被覆盖状况明显改善,以中部自然保护区最为突出,降低了绿洲生态系统遭受风沙侵害的风险,沙地范围萎缩,沙漠距离黄河后退了近 20km，有效防止了土地的荒漠化进程，保护了绿洲农业区的发展。

7.3 灵武市生态网络构建

以 2020 年数据为例，计算生态网络基本组分数量及空间分布情况。

7.3.1 灵武市 MSPA 景观分布特征

选取林地、水体、草地为前景数据，对 2020 年土地利用数据进行 MSPA 分析，获得 7 种景观类型的计算结果(表 7-2)。

表 7-2 2020 年灵武市景观类型面积统计表

景观类型	面积/km²	占比/%
核心区	1138.30	29.60
孤岛	23.39	0.61
孔隙	76.68	1.99
边缘区	160.66	4.18
桥接区	6.70	0.17
环岛	3.93	0.10
支线	4.88	0.13

2020 年，灵武市核心区面积达 1138.30km²，占灵武市面积的 29.60%，其次是边缘区，面积为 160.66km²，占 4.18%，其他几种类型的面积及占比都很小。

7.3.2 灵武市生态源地等级划分

核心区生态斑块 3622 块，能量因子最大为 195.5，大部分斑块的能量因子在 0.01～100。依据文献[198]和[199]选取出大于 1 的生态斑块共 297 块[200]，并进行标准化能量因子处理，少数斑块位于 0.20～1.00，大多数斑块位于 0～0.20(图 7-4)。

按照能量因子大于 1 占 1%、5%、10%的比例[201]，进行生态源地等级划分 (图 7-5)。一级源地有 6 个，其中有 4 个林地的生态斑块完整度不高，中间有少部分的孔隙，破碎化比较严重，会影响生态廊道的构建。二级源地有 9 个。三级源地有 15 个，完整度较好，主要体现在研究区域大尺度的源地分布变化中，进行物质流动时发挥着重要的作用。

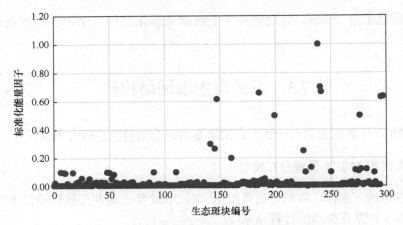

图 7-4　灵武市生态斑块标准化能量因子统计图

图例
- 一级源地
- 二级源地
- 三级源地
- 宁东能源工业区
- 白芨滩自然保护区

0　　10km

图 7-5　灵武市能量因子大于 1 的生态源地

7.3.3　灵武市生态阻力面构建

　　生态物质在区域内流动需要克服场地的阻力，参考文献[202]，选取高程、坡度、NDVI、土地利用类型、MSPA 景观类型作为灵武市生态物质流动的阻力因子

(表 7-3)。各因素在生态网络的维护和发展中起着重要的作用,采用均值方法对一级阻力因子给予同等权重[203]。

表 7-3　灵武市生态阻力评价指标体系

二级因子	指标	阻力值	权重	二级因子	指标	阻力值	权重
高程/m	<1200	10	0.10	土地利用类型	林地	10	0.30
	[1200, 1300)	25			草地	20	
	[1300, 1400)	45			水域	30	
	[1400, 1500)	70			耕地	60	
	>1500	100			未利用地	80	
坡度/(°)	<10	10	0.10		建设用地	150	
	[10, 15)	30		MSPA 景观类型	核心区	5	0.25
	[15, 20)	50			桥接区	10	
	[20, 30)	80			环岛	20	
	[30, 45)	100			支线	30	
	>45	150			孤岛	50	
NDVI	>0.6	10	0.25		孔隙	70	
	[0.5, 0.6)	20			边缘区	90	
	[0.4, 0.5)	30			背景	200	
	[0.3, 0.4)	40					
	[0.2, 0.3)	50					
	<0.2	70					

以高程、坡度、NDVI、土地利用类型、MSPA 景观类型为基础,建立灵武市生物多样性的自然单因子阻力面并进行重分类。将各阻力因子按照对应的权重叠加,生成生态源地的综合阻力面(图 7-6)。

土地利用类型阻力面中,低值主要分布在中部区域,这与中部区域主要是开发利用强度较低的草地、未利用地、林地等有关;高值分布在研究区周边及东南区域,西部是绿洲农业区,东部是宁东能源工业区,南部是奶产业牧区。这种中部低、周边高的空间分布特征,表明研究区内部阻力较小,周边及东南区域的阻力较大,不利于生物的迁移。MSPA 景观类型阻力面中,低值区域和土地利用类型阻力面格局很相似,低值多分布在研究区中部,说明中部区域更有利于物种的迁移。NDVI 阻力面中,高值分布在西部绿洲农业区。灵武市的西部绿洲农业区属于银川平原引黄灌区的组成部分,农业开发利用强度大,生物迁徙的阻力自然很大,其他区域的阻力总体偏小。坡度阻力面的值总体上区分度不大,阻力都比

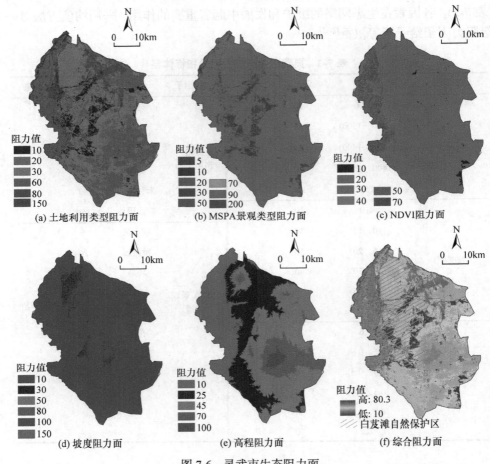

图 7-6　灵武市生态阻力面

较小,这与灵武市总体上地形比较平坦有关。高程阻力面中,高低值成层次由东南区域向外扩展,呈现东高西低的地势形态。由上述因子合成的综合阻力面中,总体上表现为绿洲农业区、宁东能源工业区的密集建设用地区生态阻力偏大的基本格局。

7.3.4　灵武市潜在生态廊道提取

生态廊道包括生物迁徙廊道和河流廊道两部分。识别流经灵武市的黄河和水洞沟两条河流为河流廊道,作为最后生态网络构建中起重要作用的生态廊道。生物迁徙潜在生态廊道可通过 MCR 模型计算得到,再结合重力模型得到各生态源地之间廊道的引力大小。基于识别的 236 块社会经济源地,运用改进的重力模型对 2020 年生态廊道进行等级划分,识别累积贡献率大于 80.0%(作用力大于 1)的 9 条廊道为重要廊道,剩余 46 条为一般廊道(图 7-7)。

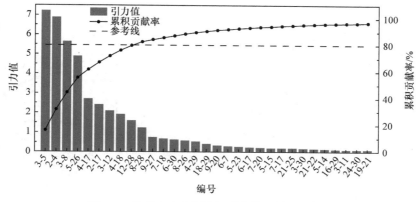

图 7-7　灵武市生态源地间引力值及累积贡献率

7.4　灵武市生态-经济网络时空变化特征

7.4.1　生态网络格局时空变化特征

　　研究时段内，灵武市的生态源地格局发生了明显变化。2000 年，生态源地斑块有 20 个，主要分布于灵武市西南区域、中部偏东区域；2020 年，生态源地斑块有 30 个，主要是成团块状的灌木林地，部分为水体，分布于白芨滩自然保护区中部且呈团块状散布。由于能源的开发利用，能源工业区的生态源地明显消失，取而代之的是建设用地的大量扩建，随着后续的不断发展及人与自然和谐相处的观念加强，灵武市开始注重生态保护，退耕还林，植树造林，使得生态源地增加，生态环境有了明显改善。白芨滩自然保护区的设立，使中部区域植被恢复成效显著，沙地区域出现了大量团块状分布的生态源地；东部能源工业区的建设，使中部大多数生态源地被建设用地取代；西南地区未划入自然保护区部分的生态源地消失。总体特征表现为除了白芨滩自然保护区的生态源地数量大幅增加外，其他区域的生态源地数量锐减。同时，随着生态源地的变化，生态廊道结构也发生了变化，相比之下，2020 年生态网络结构复杂稳定(图 7-8)。

7.4.2　经济网络时空格局变化特征

　　社会经济网络由社会经济源地、交通廊道和生态干扰点构成，社会经济源地取建设用地，交通廊道由承担物资运输、人类活动交流的道路系统构成，生态干扰点主要是生态廊道与道路的交叉点，对生物运移起阻碍作用。本小节基于土地利用属性直接获取社会经济源地和交通廊道，采用叠加分析方法获取生态干扰点。

　　随着经济的迅速发展，灵武市社会经济源地发生了很大变化。2000 年，社会经济源地主要以碎片形式分布在引黄灌区内，社会经济源地面积普遍较小。2020

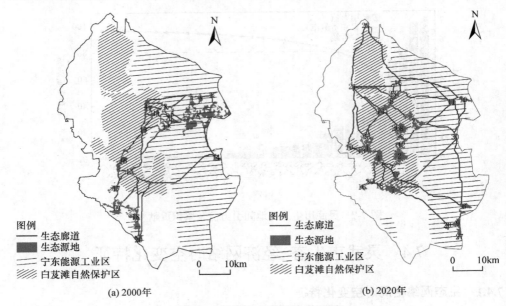

图 7-8　灵武市生态网络对比图

年，社会经济源地明显增加，增加幅度较大，以宁东能源工业区和灵武市城区附近扩大最明显，呈面状分布；沿主干道路附近社会经济源地有明显的扩张，社会经济源地主要分布于绿洲农业区和宁东能源工业区，宁东能源工业区的社会经济源地主要集中于宁东基地中北部的三大园区。2000~2020 年，交通廊道由最初不发达的极个别道路发展为交错密集的路网，道路由简到繁使得社会经济网络结构前后形成了鲜明的对比(图 7-9)。到了 2020 年，交通网络的密集区主要分布于西

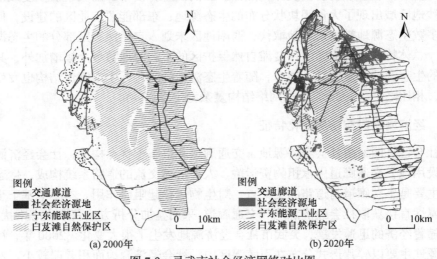

图 7-9　灵武市社会经济网络对比图

部绿洲农业区和东部宁东能源工业区，在城中区和东部宁东镇之间，由穿越中部白芨滩自然保护区的关键交通要道相连接，白芨滩自然保护区和南部奶产业牧区交通线路稀少，形成了"H"形交通网络格局。

7.5　灵武市"生态-经济"双网互作关系分析

7.5.1　"生态-经济"网络节点及干扰点分布特征

基于谷歌遥感影像并结合实地情况，最终确定 36 个了生态节点[图 7-10(a)]；基于交通线路分布图共获取 62 个生态干扰点[图 7-10(b)]。

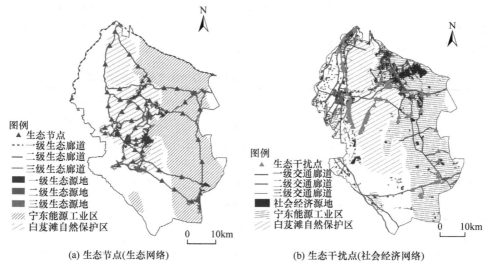

(a) 生态节点(生态网络)　　　　　　(b) 生态干扰点(社会经济网络)

图 7-10　2020 年灵武市"生态-经济"双网节点及干扰点分布图

灵武市的生态网络和社会经济网络无论是在源地的空间格局上，还是在廊道的空间分布上，都存在较高的空间临近性。生态干扰点主要出现在白芨滩自然保护区边缘与绿洲农业区和宁东能源工业区毗邻区，符合不同功能类型接壤区的边缘效应特征。在白芨滩国家级自然保护区内部也存在一些生态节点，主要是重要廊道的交会点、生态廊道与交通干线的交会点等。生态廊道的交会点需要注意生态脚踏石的建设情况，生态廊道与交通干线的交会点需要注意通过立体交通线及交通线下的涵洞等形式，避免生成阻挡野生动物扩散、迁徙的生态节点。

总体来看，灵武市"生态-经济"双网存在生态节点 36 个、生态干扰点 62 个，说明 2000～2020 年社会经济发展特别是宁东能源工业区的开发建设，对生态安全构成了明显干扰。灵武市既是黄河上游地区防风固沙的典型案例区，又是高质量发展的关键区，如何进行防沙治沙生态建设与区域社会经济发展的协同发展，是该区域落实黄河流域生态保护和高质量发展战略的核心问题。

7.5.2　"生态–经济"双网交互作用定量分析

灵武市生态网络与社会网络之间有明显交互性。在有效点斑块数占比方面，自然生态源地与三级生态廊道交点斑块数占比最大，达到 86.667%，自然生态源地与二级交通廊道交点斑块数占比最大，达到 20.000%，须加强三级生态廊道的保护，以提高二者的交点斑块数，这有助于物种之间的交流；对二级交通廊道进行修复，以减少二级生态廊道对自然生态源地产生的影响。在相交廊道长度方面，社会经济源地内有 6.393%的长度应该属于生态廊道，自然生态源地内 6.531%的廊道长度为交通廊道，需要加强交通廊道与社会经济源地的影响，有效消除诸多因素的干扰，减少对生物多样性的影响(表 7-4)。

表 7-4　2020 年灵武市社会–生态廊道与源地间干扰程度分析表

廊道类型	等级	自然生态源地		社会经济源地	
		有交点斑块数占比/%	相交廊道长度占比/%	有交点斑块数占比/%	相交廊道长度占比/%
生态廊道	一级	40.000	30.738	1.695	0.761
	二级	66.667	14.055	5.508	2.418
	三级	86.667	13.216	13.983	3.214
交通廊道	一级	3.333	0.007	19.068	56.947
	二级	20.000	6.262	13.559	47.802
	三级	3.333	0.262	37.288	65.929

生态节点主要集中分布在区域中西北部，有助于促进物种间的交流与迁移；生态干扰点集中分布于区域西北部，表明此区域城市化更加明显。生态廊道与交通廊道之间相交的节点数量关系如下。

三级生态廊道与一级、二级交通廊道形成的生态干扰点数量最多，分别为 35、15，一级生态廊道与二级、三级交通廊道及二级生态廊道与一级、二级、三级交通廊道形成的生态干扰点数量最少，说明人类活动的交通建设区域中对三级生态廊道的干扰程度更大(图 7-11)。研究时段内，宁东国家级重化工能源基地的建设，使得研究时段之初的生态源地被工矿用地、仓储用地、交通道路用地等建设用地替代。随着能源工业区开发渐趋成熟，绿地系统逐渐发展，2010～2020 年宁东能

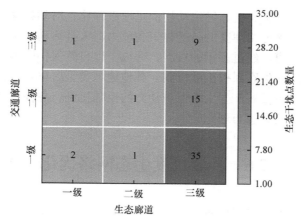

图 7-11　灵武市生态干扰点的数量矩阵热力图

源工业区的生态环境有了较大改善。在不同功能区与自然保护区的毗邻区，受边缘效应影响形成了较密集的干扰点。在推进城市建设、能源开发、农业发展等进程中，需要尽可能寻找发展与生态保护的平衡机制。在国土空间治理中，需要使生态网络与社会经济网络协同共进，形成人与自然和谐发展的国土空间格局。

7.5.3　"生态-经济"双网互作机制

　　绿洲-荒漠交互区的人地关系协调发展是一个世界性的难题。灵武市是黄河上游地区典型的生态脆弱区，是毛乌素沙地西缘生态保护的防沙治沙的关键区，引黄灌区、国家级自然保护区、能源工业区、奶产业牧区四类功能区并存，是一个典型的生态脆弱的多功能复合类型区。

　　灵武市 20 世纪 60 年代开始的防沙治沙工作取得了巨大成效，荒漠化得以有效遏制。绿洲线指绿洲的边界线，是荒漠绿洲生态系统演进态势的重要指示性指标之一，突出表现为四大类型：绿线进沙线退、沙线进绿线退、拉锯战、边界相对稳定。在研究时段内，灵武市处于绿线进沙线退的状态。经过几十年的生态建设，灵武市中部区域出现了多处集中分布的灌木林，加之白芨滩自然保护区的设立，灵武市特别是自然保护区的植被覆盖度明显提升，生态源地的质量得以明显改善，有效防止土地的荒漠化进程，保护绿洲农业区的发展。

　　城市的扩张进程及工矿开发建设活动，使得动物栖息的破碎化，给生物多样性保护带来不利的影响。城市区域及工矿开发区建设的一些大型绿地、湿地等，成为一些动物的栖息地或者迁徙的"脚踏石"。随着城市化、工业化、产业化发展程度的提升，道路网络呈现为"H"形结构，农区、城区、矿区的道路网络密度大幅提升。道路的建设对生态网络的影响需要辩证分析。一方面，道路网络的建设无疑会强化景观的破碎化，导致动物栖息地破碎化，对动物移动的阻尼作用增大；另一方面，沿着道路建立的防护林带会成为对人类活动不是特别敏感的森林动物的潜在迁移通道。经过多年的发展，形成了以自然保护区为生态网络轴心、向其他类型区辐射的生态保护扩散机制，其他地域类型区以各自功能区为核心的生态干扰机制，经济发展产生生态保护动力的反哺机制，总体生态与社会经济发展体现了人地协同的思想与理念。

7.6　县域尺度生态网络优化

7.6.1　灵武市生态网络优化思路

生态源地保护与修复思路。在进行生态保护建设源地时，可以提高破碎化严重的生态斑块完整性，综合多方面的因素，提高源地质量，这样可以加强生态源地的稳定性，在生态廊道构建中得出更加稳定、成本更低的生态物质流动廊道。在生态廊道的识别中，运用重力模型对生态廊道分级，计算各层相关指数。随着廊道分级的不同，生态网络构建的稳定性发生变化，得出三级廊道在整个生态网络构建中起到更加可靠的作用。

生态节点的问题。生态节点包括生态脚踏石和生态干扰点。今后的规划中，应考虑构建生态脚踏石，为生物迁移交流提供暂歇点，减少生物迁移的阻力，保障生态稳定性。生态干扰点是生物迁移的阻碍因素，在规划中应重点考虑其影响，控制人类活动对生物栖息地的干扰，减少生态干扰点带来的阻碍，促进斑块间物质能量交换，进而缓解乡村发展对生态空间的干扰，以确保整个生态网络的连通性。

生态廊道的保护与修复问题。在未来的建设中，应该重点考虑生态干扰点的影响，结合生态建设理念，合理布局交通廊道，在保证不影响原有交通正常运行情况下，在交通廊道两侧增设生态缓冲区，以减少人类活动对生态网络产生的负面影响。

基于灵武市土地利用情况，本着生态互利共生、协调进化的原则，对研究区域生态安全格局各组分要素进行优化重组，提出网络格局优化布局新思路，即以白芨滩国家级自然保护区为主要生态网络构建片区，以林、水、草中的优质资源林、水为基质要素，生成辐射源地间的生态廊道及位于廊道之间的生态脚踏石；以建设用地为生态网络构建干扰因素，形成以灵武市环城区为核心向外辐射的建设扩散带和沿着水洞沟走势扩散的建设带，并生成以道路交通廊道及生态干扰点。

对一、二、三级生态网络进行结构评价，一、二、三级生态源地优化后α指数、β指数、γ指数在规划后均明显上升，表明规划后的生态网络比规划前更趋完善，生态网络的闭合度、连接度水平有效提高(表7-5)。规划后提高了研究区内生态斑块的连接水平，增加了网络连接的有效性，有利于物种的流通与交换。

表 7-5　优化前后生态网络连接度指标比较

指标	一级生态源地		二级生态源地		三级生态源地	
	优化前	优化后	优化前	优化后	优化前	优化后
α 指数	0.50	0.71	0.67	0.71	0.74	0.80
β 指数	1.50	1.67	2.00	2.08	2.25	2.35
γ 指数	0.75	0.83	0.79	0.82	0.83	0.87

7.6.2　灵武市生态安全格局模式

灵武市的生态源地主要分布在中部灌木林地区域，生态网络的空间格局分布不均衡，存在较多的生态节点和生态断裂点，生态网络不稳定，需要进一步增强生态网络体系在结构与功能上的稳定性，从而更好地使荒漠绿洲生态系统健康发展。通过生态源地组团、生态廊道连通生态功能分区，生态节点协同网络共生，以灵武市城区公园绿地体系为一核，以黄河生态廊道和水洞沟廊道为两廊；以白芨滩灌木林生态组团、灵武市东南生态组团、宁东能源基地生态组团构成多个生态组团，构建"一核两廊多组团"的"全方位、多层次、宽视角"的生态安全格局模式(图 7-12)。

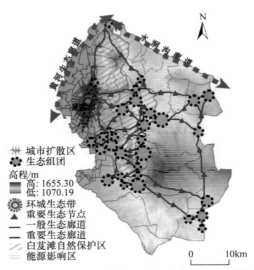

图 7-12　灵武市"一核两廊多组团"生态安全格局(见彩图)

在今后生态安全建设中，灵武市需要进一步以黄河沿岸农田防护林、沿防洪堤两侧宽幅林带、河滩地造林为主体，打造线、带、面相结合的黄河沿岸防护林体系和农田防护林体系，并考虑如何将自然保护区的灌木林与绿洲区的农田林网、城市区的绿地系统有机关联，形成一个覆盖生态区-农区-城市的综合生态网络体系，从而进一步提升生态网络的稳定性。考虑灵武市自然生态环境敏感脆弱，生态网络建设与维护成本较高，后续研究将重点关注生态断裂点处的发展情况，并针对性地展开维护和修复，可进一步降低生态建设成本。

第8章 黄河上游典型区中心城区
生态网络构建与优化

　　城乡一体化是一种以城市为核心，以城镇和村庄为基础，以城乡相互依赖、互利共赢为基础的新型城乡关系，反映了城市和农村地区之间的经济、文化和社会联系。它既不是城乡发展的平衡与平等，也不是城乡的转型，而是建设城乡一体化机制，完成城乡的互动发展。统筹城乡发展的理念，为城乡经济社会发展提供了平等的环境。本章以银川市中心城区为例开展研究，研究特色主要体现出黄河上游平原城市生态网络的蓝绿依存和共建特征。

8.1　银川市中心城区概况及数据来源

8.1.1　银川市中心城区概况

　　银川市是宁夏回族自治区的首府。2008 年，银川市被建设部命名为"国家园林城市"。2009 年起，银川市先后被评为中国最佳生态旅游城市、国家环境保护模范城市、中国绿色经济十佳城市，并获得中国人居环境奖及 2018 年最具生态竞争力城市，并且在 2018 年 3 月入围首批通过全国水生态文明建设试点验收城市名单。近年来，银川市围绕"生态建区"战略目标开展城市绿化工作，深刻理解"生态园林"的科学内涵，坚持"绿色、和谐、高级、宜居"的发展理念，将城市生态园林建设作为城市绿化工作的重点，让银川市的生态园林建设发挥示范作用，以开展银川市绿化工作实现城市生态园林化为目标。根据银川市国土空间"十四五"规划选取确定研究区范围，银川市中心城区为环城高速围合区域(图 8-1)，总面积约 400km^2。银川市城区经纬度坐标为 38° 08′ N～38° 53′ N，105° 49′ E～106° 35′ E。银川市中心城区主要包括银川市的兴庆区、金凤区、西夏区，是宁夏全域土地利用密集度最高、人口最密集的地区，2021 年银川城区生产总值约占全区的 36.21%。生态环境方面，城区内大小湖泊洒落其中，是城镇、生态用地交错发展的典型地区。同时，出现了水土污染、生态斑块破碎、各斑块连通性差的生态问题。构建城区生态网络是提高市民生活环境质量、打造绿色银川、建立高质量发展先行区的重要之举。

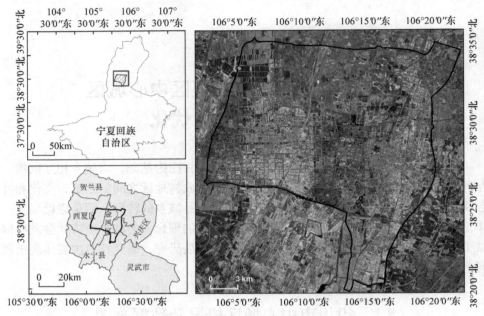

图 8-1 银川市中心城区区位图

8.1.2 数据来源与处理

本章采用的数据主要有 Landsat8 OLI_TIRS 影像数据、DEM 数据、道路数据及水体数据。从地理空间数据云下载得到银川市 2021 年 7 月 31 日 Landsat8 OLI_TIRS 影像，条带号为 129,033；DEM 数据从地理空间数据云得到；道路数据下载自中国科学院资源环境科学与数据中心；水体数据从非监督分类得出的土地利用类型图中提取得到。数据投影方式统一为 WGS_1984_UTM_Zone_48N。

数据处理采用的软件有 ArcGIS10.8、ENVI5.5、CONEFOR SENSINODE2.6。使用 ENVI5.5 软件，将 Landsat8 OLI_TIRS 影像数据进行多光谱融合，对融合完成后的影像数据进行几何校正和大气校正，并对其进行裁剪、拼接，从而得到银川市中心城区影像；利用 ENVI CLASSIC 5.5 对银川市中心城区影像进行监督分类，得到 2021 年银川市土地利用类型图。根据银川市中心城区的实际情况及本书的研究需要，土地利用类型被划分水体、耕地、建设用地、草地、果园、未利用地及林地 7 类。

8.2 银川中心城区土地利用/覆被变化特征分析

8.2.1 土地利用变化特征

数量结构方面，2000～2020 年银川市中心城区土地利用结构发生显著变化，主要表现为建设用地不断扩张，水体面积先增后减，其他地类持续递减。2000～2010 年，建设用地面积由 77.30km² 增加到 172.76km²，增长率为 123.50%，扩张速率最为剧烈，主要原因是城市快速扩张、大量的耕地被建设用地占用。水体面积由 30.26km² 增加到 37.00km²，增长率为 22.27%，未利用地面积变化不大，由 11.45km² 减少为 10.82km²，下降率为 5.49%。林地面积由 14.61km² 减少为 11.40km²，下降率为 21.97%。耕地面积减少最为明显，由 305.37km² 减少为 209.88km²，下降率为 31.27%。草地面积也有所减少，但变化不大。2010～2020 年，土地利用类型表现为除建设用地扩张外，其余土地利用类型面积均减少。建设用地面积由 2010 年的 172.76km² 增加到 2020 年的 243.27km²，增长率为 40.81%，建设用地的增长主要源于耕地的不断减少，耕地面积由 209.88km² 减少为 157.04km²，下降率为 25.18%。其余土地利用类型面积变化不大。

转移流方面，研究时段内，耕地与建设用地、水体、草地三大土地利用类型之间的转移流占绝对优势。2000～2020 年，耕地转为建设用地、水体、草地占转移流总量的 98.66%，表明耕地与建设用地、水体、草地之间的转移情况决定着银川市中心城区土地利用变化的特征。2000～2010 年、2010～2020 年耕地到建设用地的转移流最大，分别占当期土地利用转移流的 85.97%、91.62%(图 8-2)。

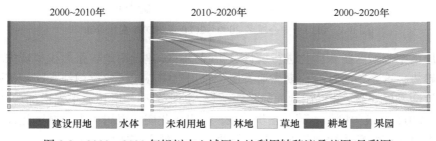

图 8-2　2000～2020 年银川中心城区土地利用转移流桑基图(见彩图)

8.2.2 生态用地植被覆盖变化特征

2000～2020 年，银川市中心城区植被覆盖呈现为中部向南北递减的趋势，建设用地向东部扩张明显，NDVI 整体偏小，主要集中在 –0.15～0.45，城郊区数值较大，为 0.46～0.83。水体 NDVI 变化较为明显，湖泊面积及数量都有明显的增加。发展建设用地内绿道增加明显，说明这些年银川市中心城区发展迅速，土地利用类型变化显著，城市内绿道也发生明显变化(图 8-3)。

8.2.3 不透水面的扩张特征

以扩张面积、扩张速率、增长速率、扩张强度作为城市空间扩展分析指标，

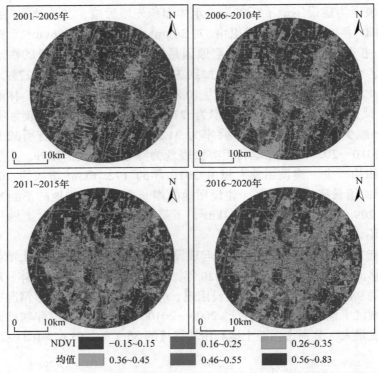

图 8-3　银川市中心城区 2000～2020 年 NDVI 变化分布图

对银川市中心城区扩张变化进行统计分析(表 8-1)。建设用地扩张面积呈现先增后减的趋势，这是因为社会前期高速发展，银川市中心城区建设用地大面积扩张，后期社会发展滞缓，建设用地面积扩张减慢。扩张速率和增长速率先增加后减少，2005～2015 年最为剧烈，随后逐步放缓，说明在此期间银川市中心城区建设用地逐渐由急速扩张转为缓速扩张，扩张强度则一直处于减弱状态。

表 8-1　2000～2020 年银川中心城区建设用地扩张特征

时间段	扩张面积/km²	扩张速率/%	增长速率/%	扩张强度
2000～2005 年	31.23	6.86	42.83	0.09
2006～2010 年	35.92	7.89	34.48	0.07
2011～2015 年	32.18	7.07	22.97	0.05
2016～2020 年	18.11	3.98	10.52	0.02

　　银川市中心城区空间变化方面，2000～2020 年建设用地扩张显著，从 2000 年的 72.92km² 增加到 2010 年的 140.08km²，共增加了 67.16km²，增长幅度达

到 92.09%。2010～2020 年，建设用地面积由 140.08km² 增加到 190.37km²，共增加了 50.29km²，增长幅度达到 35.91%，说明随着经济的快速发展，城市建设用地扩张速度加快。2000～2020 年，建设用地主要向南北方向均衡扩张，随后在东部向南北方向急速扩张，使得建设用地扩张呈现横卧的"T"字形发展规模(图 8-4)。

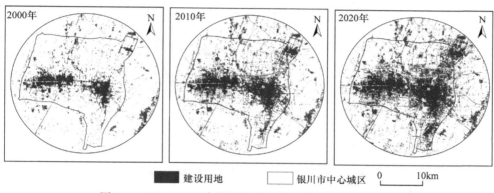

图 8-4　2000～2020 年银川市中心城区城市中心扩张变化

8.3　银川市中心城区生态源地识别

8.3.1　银川市中心城区 MSPA 景观格局分析

银川市中心城区 MSPA 景观格局分析如图 8-5 所示。核心区景观面积为 4547.43hm²，占绿地总面积的 28.78%。核心区连通性较好的区域主要分布在研究区的北部、东南部和中部，分布着大型水域和大型绿地。核心区连通性较差的区域主要分布在研究区西南部，核心斑块少且较分散，使北部和南部的连通性较差，一些生物的扩散或者迁移活动难以顺利实现。

边缘区面积为 2994.66hm²，占绿地总面积的 18.95%。边缘区是除核心区与桥接区之外研究区中的第三大面积区域，这样大的面积说明研究区绿地边缘效应较好，可以排除一些干扰的外部因素。

桥接区面积为 3110.58hm²，是除核心区之外面积最大的区域，占绿地面积的 19.69%。桥接区是研究区生态网络中的结构性连接廊道，主要作用是促进廊道区域内部能量流动与网络形成。

核心区中还存在一种区域，与核心区只有某一个位置相连，被称为支线。支线区域的景观连接程度不高，这部分面积占绿地总面积的 15.03%。

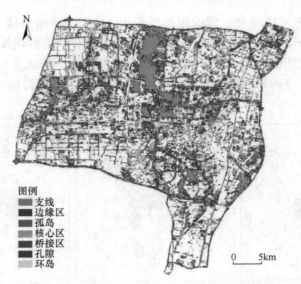

图 8-5 银川市中心城区 MSPA 景观图(见彩图)

此外,有一些破碎且孤立的面积较小的区域,这些区域一般是城市中已建成的区域内的小型绿地。因为面积过小,区域之间没有相互连接的桥梁,这种区域被称为孤岛,被其他要素包围,但能够作为生物在迁移过程中的脚踏石,面积约为 1904.49hm²,占绿地总面积的 12.06%。环岛是生物在源地内部活动和迁徙的廊道,为物种的小范围物质能量流动提供便利,占绿地总面积的 4.47%(图 8-5 和表 8-2)。

表 8-2 银川市中心城区 MSPA 景观分类统计结果

景观类型	面积/hm²	占绿地总面积比例/%	占研究区面积比例/%
核心区	4547.43	28.78	9.99
孤岛	1904.49	12.06	4.18
孔隙	160.92	1.02	0.35
边缘区	2994.66	18.95	6.58
桥接区	3110.58	19.69	6.83
环岛	706.32	4.47	1.55
支线	2375.01	15.03	5.22

8.3.2 银川市中心城区景观连通性分析

使用 CONEFOR 软件计算三级源地共 62 个生态源地的斑块重要性指数 dPC

和整体连通性指数 dIIC(附表 A-2)。

　　根据能量因子得到三级源地共 62 个斑块的景观连通性指数及排序结果,银川市城区城市总体规划的生态管控区基本被这 62 个生态斑块涵盖。生态源地的分布较不均衡,中部和北部地区依托阅海湿地公园良好的自然条件,为银川市城区提供了大面积生态斑块;南部以及东部土地利用类型多以建设用地、耕地及未利用地为主,缺少生态功能较好的绿地生态斑块,因此大型生态源地在南部及东部的分布明显比其他区域少。

　　62 个生态斑块中,dPC 大于 1 的有 29 个斑块,主要分布在北部和西部,多以大型斑块为主;dPC 小于 1 的有 33 个斑块,主要分布在东北部、东南部和西南部,且以小型斑块为主。dPC 最大的为斑块 48,该斑块位于阅海湿地公园,面积为 658.71hm², dPC 和 dIIC 分别为 77.6111 和 75.0345,是这 62 个斑块中面积、dPC 和 dIIC 最大的斑块;可以看出,阅海湿地公园在银川市城区的生态网络体系中充当了重要的角色,是影响整体生态网络连通度水平的斑块,也是物种迁移过程中重要的栖息地及休憩区。

　　斑块 49 和 54 的 dPC 仅次于斑块 48,dPC 分别为 19.6516 和 14.0597,与斑块 48 的差距较为悬殊,由此可以看出斑块 48 在银川市城区生态网络体系中的重要作用。斑块 49 和斑块 54 也位于阅海湿地公园,由此可得出阅海湿地公园整体在生态网络中的重要地位。在阅海湿地公园外的其他生态斑块大部分为小斑块,其中大斑块少且分布较不均匀;连通性较好的斑块主要位于研究区北部和西部,东部和南部多为建设用地和未利用地,南北连通性差,不利于物种的迁移活动。

　　银川市城区的北部和西部相较于南部和东部更加适合物种的迁移活动及物质能量的交流,在某种程度上更有利于整个生物种群的生存。尽管断层现象并未出现,但仍需要保护区域内连通性不佳的生态斑块,在南部和东部建立物种迁徙过程中的脚踏石,加强区域内斑块间的连通性,以维持生态网络的平衡和生态服务的价值,以提高栖息地的适用性和景观的连通性。

8.3.3　银川市中心城区生态源地提取

　　根据 MSPA 结果,将银川市城区全域的草地和林地核心区斑块共 2327 块提取出来,湖泊、河流等水体核心区的斑块共 244 块,通过斑块面积及 NDVI 或 NDWI 均值来计算核心区斑块的能量因子 Q_i,将能量因子大于 1 的核心区斑块提取出来,有 968 个斑块。

　　核心区斑块中能量因子大的斑块比较少,大部分的核心区斑块能量因子较小,其中能量因子最大的为 2140.808,该斑块为阅海湖。由于最大能量因子与其他斑块能量因子数值差距过大，将最大值 2140.808 导入散点图中会无法较好地观察其他斑块的能量因子，因此在制作散点图时剔除最大值。

标准化能量因子为 0.3～1.0 的核心区斑块有 14 个，基本为绿地。多数核心区斑块的标准化能量因子分布在 0～0.3(图 8-6)。

一级、二级、三级生态源地按照 1.5%、4%、6% 的比例进行筛选，得到的生态源地如图 8-7 所示。

根据能量因子大小，对提取出的核心区斑块进行等级划分，分为三个等级。一级生态源地的能量因子较高，并且具有较高的生态系统服务价值，提取出 15 个核心区作为生态源地，主要集中在阅海国家湿地公园、览山公园、银川花博园、凤凰公园、凝翠公园及宝湖公园附近。二级生态源地共 22 个，主要分布在海宝公

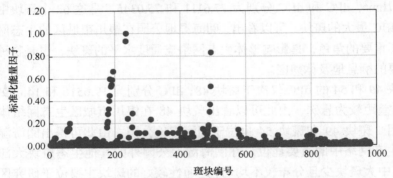

图 8-6　银川市中心城区生态源地核心区斑块标准化能量因子散点图

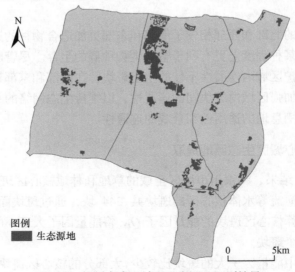

图 8-7　银川市中心城区生态源地识别结果

园、中山公园、丽景湖、八一体育公园及龙眼湖等地。三级生态源地面积较小，主要分布在阅海国家湿地公园附近及西夏公园等地。

8.4　银川市中心城区潜在生态廊道提取

8.4.1　银川市中心城区景观阻力分析

虽然银川市中心城区位于银川平原，但仍然有轻微的地形高低起伏，因此高程仍然是需要考虑的阻力因子。依据银川市土地利用情况，选择高程、道路距离、水体距离、土地利用类型作为生态阻力因子(表 8-3)。

表 8-3　银川市中心城区阻力因子体系

阻力因子	分级指标	阻力值	权重	阻力因子	分级指标	阻力值	权重
高程/m	<1050	10	0.15	水体距离/m	<50	150	0.25
	[1050，1100)	20			[50，100)	70	
	[1100，1150)	40			[100，150)	50	
	>1150	70			[150，300)	30	
					>300	10	
道路距离/km	<0.5	150	0.25	土地利用类型	林地	10	0.35
	[0.5，1.5)	100			草地	20	
	[1.5，3)	80			水域	30	
	[3，5)	50			果园	50	
	[5，7)	30			耕地	60	
	[7，14)	20			未利用地	80	
	>14	10			建设用地	150	

本书在 ArcGIS 中 MCR 模型的阻力成本数据主要由栅格计算器计算获得，采用 30m×30m 大小的栅格，计算得出一个综合的阻力面。计算结果如图 8-8～图 8-12 所示。

可以看出，银川市中心城区的单因子阻力面中，高程阻力面总体上差异不大，土地利用类型阻力面中，建设用地与耕地形成了高阻力区，水体分布区形成低阻力区，临近交通路网区形成了明显的高阻力区。

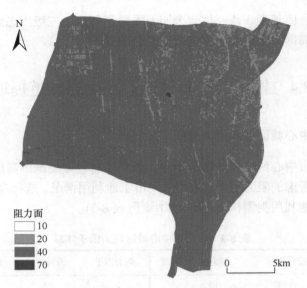

图 8-8　银川市中心城区高程阻力面

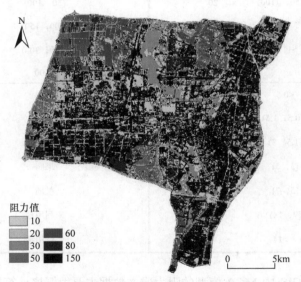

图 8-9　银川市中心城区土地利用类型阻力面

　　总之,生物群体在迁徙扩散、跨越不同异质生态景观过程中,会受到景观阻力的约束和掣肘,生物须克服阻力,寻找最优通道完成迁徙目标。综合各单阻力因子的评价结果,利用 ArcGIS 10.8 软件按不同权重叠加分析,得到银川市中心城区综合阻力面,可知银川市城区西南部、东部阻力值较高,西北部区域阻力值较低,整体阻力值分布呈片状分布。

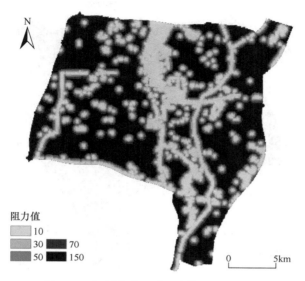

图 8-10　银川市中心城区水体距离阻力面

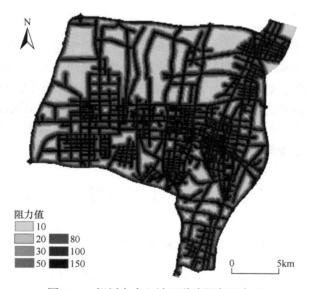

图 8-11　银川市中心城区道路距离阻力面

8.4.2　银川市中心城区潜在生态廊道提取

基于一级生态源地及通过成本距离分析，得到最小累积阻力面，使用成本路径分析，识别计算出银川市城区的潜在生态廊道，一级生态源地中计算识别出 18 条潜在生态廊道，二级生态源地中计算识别出 20 条潜在生态廊道，三级生态源地中计算识别出 22 条潜在生态廊道，一、二、三级生态源地加起来共计算识别出 60

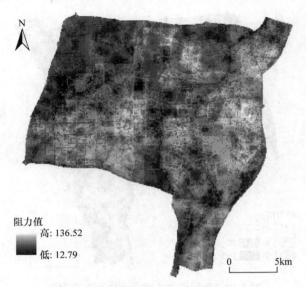

图 8-12　银川市中心城区综合阻力面

条潜在生态廊道。

　　使用重力模型计算生成生态斑块之间的相互作用矩阵，根据相互作用矩阵识别出同级源地中不同斑块之间的相互作用强度及斑块间廊道的关键程度。一些邻近的生态斑块相距较近，使得计算出的潜在生态廊道在一些生态斑块较集中的区域易出现冗余。此种方法可能会导致潜在生态廊道的冗余且出现重叠现象较多。本书对计算生态廊道的方法进行改进，将邻近的生态斑块当作一个整体来计算潜在生态廊道，对生态廊道的计算进行优化。

8.5　银川市中心城区生态网络空间结构特征

1. 银川市中心城区生态源地空间分布特征

　　宁夏银川市中心城区生态源地空间分布特征如图 8-13 所示。生态源地主要集中在阅海湖附近。西边生态源地斑块较多，主要原因为西部有贺兰山，贺兰山是重要的生态屏障，有利于物种的生存；其他区域生态源地面积较小、数量较多，尤其在贺兰县、永宁县、兴庆区最为明显，几乎没有生态源地。这样的生态源地分布极为不合理，呈现金凤区、西夏区生态源地偏多而其他区域生态源地偏少的格局。生态源地的分布较不均衡，中部和北部地区依托阅海湿地公园良好的自然条件，为银川市城区提供了大面积生态斑块；南部和东部地区土地利用类型以建设用地、耕地及未利用地为主，缺少生态功能较好的绿地生态斑块，大型生态源地在南部和东部的分布明显偏少。

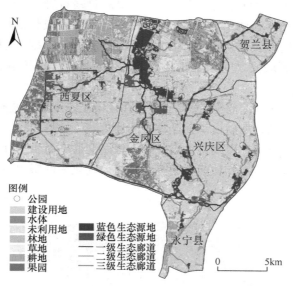

图 8-13 银川市中心城区生态网络(见彩图)

2. 银川市中心城区生态廊道空间分布特征

银川市中心城区的生态廊道遍布整个中心城区，生态廊道呈现较大的跨度。由于生态源地分布较为零散，生成的生态廊道分布跨度也比较大，加之城区尺度较小，建设用地和未利用地都对生物的迁移产生影响，不利于物种的能量和物质交流，会加大建设生态廊道的难度。由此可知，在生态网络构建过程中，生态廊道的选取应尽量避免穿越大面积建设用地和未利用地。

银川市城区东南部、中部斑块之间连通性较好，生态廊道在阅海湿地公园较为集中，是银川市城区重要的生态廊道过渡区。西北部的生态斑块分布较少且连通性较差，南北源地之间的连通性也比较差，银川市城区生态网络系统的构建仍需要继续完善。

8.6 城区尺度生态网络优化

8.6.1 银川市中心城区生态网络优化的关键问题

生态网络优化是为了更好地将生态斑块进行连通，以提高研究区内生态服务的流通性，使网络结构更加合理完善。近年来，城市化和工业化的发展速度加快，生态斑块的破碎化日益加剧，生态网络系统中有重要职能的脚踏石斑块面积较小、质量不高且重要性不高，经常忽视重要的脚踏石斑块，导致脚踏石斑块经常性地被建设用地等其他用地侵蚀。对于一些迁移路径较长的物种来说，脚踏石斑块是重要的补给地及休息地，能够提高物种迁移的成功率。增加脚踏石斑块的数量并缩短脚踏石斑块之间的距离，对提高生态网络连通度和服务价值有着非凡意义。

　　城市的中心城区交通路网较密集，建议在建设生态廊道时实施一些修复工程，从而解决断裂点问题，如建设动物迁移专门通道、天桥等。新建交通连线时应当预留生态廊道建设空间，以期最大限度降低道路交通网对生物迁移扩散的阻隔效应，保障生态斑块在空间和功能上的有效连接。优化后的银川市中心城区生态网络如图8-14所示。

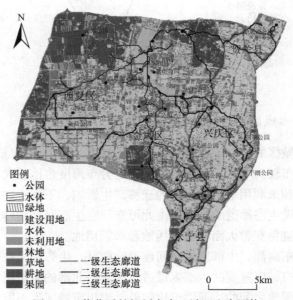

图 8-14　优化后的银川市中心城区生态网络

　　公园不仅可以改善银川市的生态环境，改善居民的心理健康和生活质量，还能够作为生物的栖息地及在迁移过程中的脚踏石，增强银川市城区生态网络系统的连通性。在银川市城区中，大部分的脚踏石分布在银川市的各个公园内，而大部分的公园被建设用地包围，导致其极易被建设用地侵蚀，且受人为因素影响较大。规划中应加强生态公园建设，使生态公园均匀地分布在银川市城区。依托湖泊湿地，打造独具特色的滨水空间，形成城水共生的生态安全格局，擦亮"国际湿地城市"品牌。银川市城区东北部及南部生态源地分布较少,须加强对核心斑块的保护力度,防止核心斑块被建设用地等其他用地侵蚀。以阅海湖、典农河、唐徕渠等核心水系为依托,改变单纯以城市大动脉为基础的城市空间结构,形成滨水生态人文发展轴。

8.6.2　银川市中心城区生态网络安全格局模式

　　银川市绕城高速形成的城市扩张边界特征决定了城区是近乎于矩形的空间格局。银川平原南高北低的地势,使得灌溉渠系自南向北延伸形成天然的南北水系网络模式,横贯中心城区南北的典农河形成了水系生态廊道主体动脉。由于银川市地处干旱气候类型区,城市湖泊公园蒸发量大,需要进行农田灌溉退排水补给、渠道灌溉和沟道排水补给、再生水补给等。散布于城区中的湖泊湿地,部分以明渠与典农河主体水脉连通,部分散落于城市不透水面中,以地下管道"暗渠"形式连通。因此,水体网络体系通过明渠、暗管相互连通为一个蓝色水体网络体系。

　　城区的地上绿地部分,依托于水体的滴灌、喷灌等形式灌溉滋养,为城市增添绿色。银川市绿地率、绿化覆盖率、人均公园面积三个指标均位于西北地区城市的前列,银川市城区的绿地率在西北地区城市也居于前列。绿地以城市公园和以道路两侧的绿廊为主体,守护城市生态安全的绿色基础设施。总体上,银川市中心城区以城市公园和绿廊形成的绿网体系、河湖湿地公园形成的蓝色水体网络体系,构成了维持城市生态安全的蓝绿生态网络体系。

　　从空间格局来看,滨水街道建设与滨水空间资源有机衔接,东西向延伸的多个城市绿带发展轴和南北延伸的水脉轴共同组成蓝绿生态廊道,与多个滨水地区和城市公共空间公园、文化节点公园形成多层次、多类型的开敞空间体系,以"园"显"绿",强化城市"带状"特色,以湖渠湿地公园和林带公园的建设串联各类公园绿地,以公园凸显银川市"河湖沟渠林网"生态景观特色,形成连续的绿色空间。同时,依托绕城林带建设郊野公园,构筑城市生态网络,提升有效生态网络面积占比,形成富有塞上江南特色的"两轴多廊多珠"生态网络安全格局(图 8-15)。

　　今后发展中,银川市需要在城市绿地建设上均衡布点,每平方千米规划预留至少一处占地面积不小于 $5000m^2$ 的小微公园用地,继续优化城市绿地系统空间布局,进一步打造"智慧园林""节约园林""科技园林"等;以减少城市热岛效应为核心,强化园林绿地功能性,形成融城湖渠链、连城森林网、绕城生态环,进一步优化生态网络安全格局。

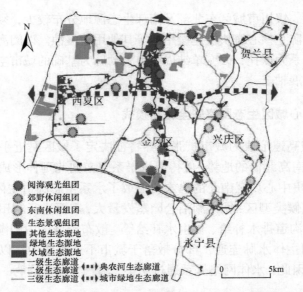

图 8-15　银川市中心城区"两轴多廊多珠"生态网络安全格局(见彩图)

第9章　黄河上游绿洲区河湖湿地
生态网络构建与优化

河湖湿地是自然环境的肾，是生态环境体系中的重要组成部分。河湖湿地的研究和修复问题已经成为目前的研究热点和难点。本章以银川平原为案例区，以区域景观为研究尺度，基于生态网络理论和景观破碎化程度，对河湖湿地景观要素的生态网络的空间格局、网络结构及影响因素进行研究。

9.1　研究区特征及数量来源

9.1.1　银川平原概况

银川平原地处宁夏北部(东经 105°45′~106°56′，北纬 37°46′~39°23′)，横跨黄河两岸，南北长约 165km，东西宽 10~50km，面积约 7615km²(图 9-1)。银川平原边界四至分别为南起青铜峡峡谷，北止石嘴山麻黄沟，西靠贺兰山脚，东依鄂尔多斯台地，包括山前洪积平原，横跨石嘴山、银川、吴忠三个地级市，包括惠农区、大武口区、平罗县、贺兰县、西夏区、金凤区、兴庆区、永宁县、青铜峡市、灵武市和利通区 11 个区(县、市)。海拔 1100~1200m，自南向北缓缓倾斜，地面坡降 0.6‰~1‰不等。由于地势平坦，土层深厚，引水方便，利于自流灌溉。常年干旱少雨，蒸发强烈，无霜期约 160d，多年平均降水量不足 200mm，且主要集中在夏季，多年平均蒸发量约 1800m，蒸降比约为 10∶1。

作为宁夏北部最大的地理地貌单元，银川平原上密集分布着城镇、水田、生态湿地，是典型的经济、生态交错和高冲突区。该区产业集聚、农业发达、人口密集、经济繁荣，是国家级沿黄经济区的核心。2020 年，银川平原地区生产总值(GDP)为 2838.167 亿元，占宁夏的 72.39%。银川平原也是宁夏人口聚集区，总人口数量约 432 万，人均 GDP 可达 65705.08 元，是宁夏的 1.21 倍。宁夏农业总产出近一半源于银川平原，2021 年银川平原整体农业(农、林、牧、渔和农业综合服务业)总产值约 171.74 亿元，占宁夏农业生产总值的 48.22%。

黄河自青铜峡市进入银川平原，流经永宁县、灵武市、银川市等地后，经石

图 9-1 银川平原地理区位

嘴山市流入内蒙古，贯穿了整个银川平原。2000 多年前，中原大批移民与当地人民利用黄河水开渠灌田，经营农牧，成为我国西北开发最早的灌区，素有"塞上江南"之誉，有著名的唐徕渠、汉延渠、惠农渠、秦渠、汉渠等古渠。20 世纪 50 年代以后，新辟西干渠、东干渠等 9 等干渠和 2000 余条支斗渠。位于河西灌区的唐徕渠，兴建于汉武帝太初三年(公元前 102 年)，经唐代大规模扩建，20 世纪 50 年代又加修整；渠线流经青铜峡市、永宁县、银川市、贺兰县、平罗县，干渠长 154km，引水能力 160m³/s，支斗渠 800 余条，可灌农田 5.3 万余公顷，是宁夏最大的引黄自流干渠。

黄河在银川平原形成了丰富的湖泊湿地，包括阅海湖、鸣翠湖、星海湖、沙湖、七子连湖、星海湖等，利于水草类植物生长，为鸟类栖息提供了良好的生境条件，体现了水体生物养育功能。为了有效保护河湖湿地生态系统健康，建立了重要湿地名录(表 9-1)。

表 9-1　宁夏重要湿地情况统计表

类型	数量/个	总面积/hm²	占比/%	湿地面积/hm²	占比/%
自然保护区	**4**	**116568.44**	**75.86**	**23693.38**	**47.76**
国家级	1	87988.38	57.26	10734.60	21.64
自治区级	3	28580.06	18.60	12958.78	26.12
湿地公园	**24**	**31676.53**	**20.61**	**21847.81**	**44.04**
国家级	14	26530.49	17.26	17951.06	36.18
自治区级	9	5067.74	3.30	3857.63	7.78
城市湿地公园	1	78.30	0.05	39.12	0.08
重要湿地	**11**	**5423.95**	**3.53**	**4068.64**	**8.20**
合计		153668.92	100.00	49609.83	100.00

注：数据截至 2022 年，根据政府网站公布数据整理，详细信息见附表 A-3。

截至 2022 年，重要湿地保护面积达到 153668.92hm²，占宁夏湿地面积保有量的 75%。其中，银川平原重要湿地占宁夏重要湿地的 32.74%，湿地面积占宁夏重要湿地面积的 62.94%(表 9-2)。

表 9-2　银川平原重要湿地情况统计表

湿地名称及类型	总面积/hm²	占比/%	湿地面积/hm²	占比/%
自然保护区	**24072.29**	**15.67**	**12723.78**	**25.65**
青铜峡库区湿地自然保护区	19698.53	12.82	9572	19.30
宁夏沙湖自然保护区	4373.76	2.85	3151.78	6.35
湿地公园	**24609.92**	**16.01**	**16943.79**	**34.15**
宁夏银川国家湿地公园鸣翠湖园区	598	0.39	598	1.20
宁夏银川国家湿地公园阅海园区	1669.45	1.09	1295.73	2.61
宁夏黄沙古渡国家湿地公园	3244	2.11	2265.68	4.57
宁夏黄河外滩国家级湿地公园	1190	0.77	1050.7	2.12
宁夏鹤泉湖国家湿地公园	223.06	0.15	180.9	0.36
宁夏石嘴山星海湖国家湿地公园	4800.92	3.12	1851.83	3.73

湿地名称及类型	总面积/hm²	占比/%	湿地面积/hm²	占比/%
宁夏简泉湖国家湿地公园	900	0.58	623.2	1.26
宁夏镇朔湖国家湿地公园	1600.76	1.04	1600.76	3.23
宁夏平罗天河湾国家湿地公园	3900	2.54	1603	3.23
宁夏吴忠黄河国家湿地公园	2876	1.87	2876	5.79
宁夏贺兰县清水湖湿地公园	151.02	0.10	151.02	0.30
宁夏贺兰县滨河湿地公园	922.88	0.60	922.88	1.86
宁夏暖泉湖湿地公园	633	0.41	633	1.28
永宁珍珠湖湿地公园	207.73	0.14	137.47	0.28
石嘴山滨河湿地公园	1614.8	1.05	1114.5	2.25
金凤区宝湖国家城市湿地公园	78.3	0.05	39.12	0.08
重要湿地	**1633.49**	**1.06**	**1557.52**	**3.14**
惠农迎河湾	530.53	0.34	456.04	0.92
兴庆区黄河河滩	916.52	0.60	915.68	1.85
利通区渔光湖	158.6	0.10	158.6	0.32
利通区中营堡湖	27.84	0.02	27.2	0.05
银川平原重要湿地小计	**50315.70**	**32.74**	**31225.09**	**62.94**
宁夏重要湿地合计	**153668.92**	**100.00**	**49609.83**	**100.00**

9.1.2　数据来源与预处理

　　本章使用的数据包括银川平原高程数据、遥感影像数据等。其中，高程数据和遥感影像数据均来自地理空间数据云官网，在考虑数据解译精度和处理便利的前提下，遥感数据选择时间为 2021 年 2 月的 Landsat 8 OLI_TIRS 卫星数据，空间分辨率为 30m×30m，影像包括 11 个波段；高程数据选择 ASTER GDEM 30m 分辨率数字高程数据。数据投影方式统一为 WGS_1984_UTM_Zone_48N。

　　首先对数据进行大气校准，消除或减少大气分子物质和气溶胶的散射及吸收作用对地物反照率的负面影响，进而从数据中获得地物反照率、放射率、土壤地表气温等真实物理模型基本参数。通过图像镶嵌、裁剪获得银川平原影像范围；

解译后获取银川平原土地利用类型分布(图 9-2)，Kappa 系数为 0.9758，精度符合要求。

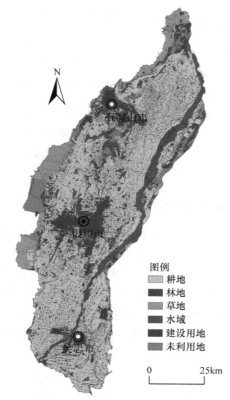

图 9-2　银川平原土地利用类型分布(见彩图)

9.2　银川平原景观破碎度分析

随着城市化发展，河湖湿地破碎化已经成为我国生态景观类型的显著特征之一，制约了许多生态服务的供给，所以对河湖湿地景观破碎化的空间格局进行研究具有十分重要的意义。景观指数可以揭示景观空间的异质性等特征，本节借助 5 个景观指数来分析河湖湿地破碎化空间格局。

9.2.1　银川平原景观指数

景观指数是用来描述景观结构特征和空间演变的定量指标。根据银川平原的实际景观格局情况，选择斑块面积(CA)、斑块密度(PD)、斑块个数(NP)、斑块面

积占景观面积的比例(PLAND)和聚合度指数(AI)来描述景观格局现状。采用
Fragstats 4.2 软件完成相关计算，各景观指数名称及生态含义如表 9-3 所示。

表 9-3　景观指数名称及生态含义

名称	生态含义
斑块面积(CA)	该指数与景观可持续性有关联
斑块个数(NP)	该指数可以表示图中斑块的总个数
斑块密度(PD)	单位面积上的斑块数，该指数可以表示景观破碎化程度
聚合度指数(AI)	该指数测度景观结构变化
PLAND	斑块面积占景观面积的比例

9.2.2　银川平原景观整体特征分析

耕地斑块 PLAND 和聚合度指数最高，但斑块数量居中，表明单个耕地斑块
面积较其他类型大。水域斑块个数为 11395，占总体景观面积的 5.47%。林地和草
地斑块个数和斑块密度均比较相近，但草地的 PLAND 较林地少 6.47%，因此
林地的聚合度指数高于草地且草地聚合度指数最低。建设用地斑块密度最小，
为 3.29 个/m²，聚合度指数偏低。其他用地斑块密度较低，但 PLAND 和聚合度
指数均排第二。耕地 PLAND 和聚合度指数最高，以绝对优势成为银川平原景观
的主要景观类型(表 9-4)。

表 9-4　银川平原景观破碎化指数

类型	NP/个	CA/m²	PLAND/%	PD/(个/m²)	AI
耕地	40801	287432.19	40.46	5.74	85.14
水域	11395	38823.03	5.47	1.60	82.11
林地	92047	118881.90	16.74	12.96	61.71
草地	91792	72927.18	10.27	12.92	51.45
建设用地	23385	33061.14	4.65	3.29	69.38
其他用地	47153	159220.71	22.41	6.64	83.14

9.2.3　银川平原景观破碎化特征

银川平原地势平坦，斑块密度最大的是林地和草地，分别为 12.96 个/m² 和
12.92 个/m²。人类活动轨迹使得景观破碎严重。斑块聚合度指数表示各斑块之间

的聚合程度。银川平原草地的聚合度指数最低，为 51.45，林地在空间上是不同类型的小斑块交错分布，耕地则是由较多的大斑块组成，聚合度指数为 85.14，聚合程度相对较高。

9.3　银川平原河湖湿地生态源地识别

9.3.1　银川平原 MSPA 景观分析

以河湖湿地数据为前景数据，其他地类数据为背景数据，基于 MSPA 分析景观类型，结果如表 9-5 所示。

表 9-5　MSPA 景观类型统计

景观类型	面积/hm²	占河湖湿地景观面积比例/%	占银川平原面积比例/%
核心区	18308.61	48.94	2.40
孤岛	4630.32	12.38	0.61
孔隙	488.16	1.30	0.06
边缘区	9926.82	26.53	1.30
环岛	480.42	1.28	0.06
桥接区	173.74	0.46	0.02
支线	3402.45	9.09	0.45

银川平原河湖湿地的核心区面积为 18308.61hm²，占河湖湿地景观面积比例为 48.94%，但仅占银川平原面积的 2.40%。因此，银川平原河湖湿地景观较少，斑块数量较多。银川平原河湖湿地多数分布在银川市和石嘴山市，吴忠市分布较少。核心区面积所占比例高达 48.94%，孔隙和环岛所占比例均较小，表明银川平原河湖湿地之间的连通性较弱。

9.3.2　银川平原河湖湿地生态源地等级划分

银川平原核心区呈聚集分布，形成以黄河干流为主轴的河湖湿地系统生态带(图 9-3)。

银川河湖湿地较大面积的核心区大部分呈闭环状集中分布于石嘴山市西南部和银川市北部，逐渐向两边分散，北部和南部破碎化程度较高，核心区分布较稀疏。黄河作为主干河流贯穿银川平原，有效连通平原北—南的生物交流。银川市河湖湿地分布较多，黄河周边核心区分布较多。对面积较大的 24 个斑块进行连通

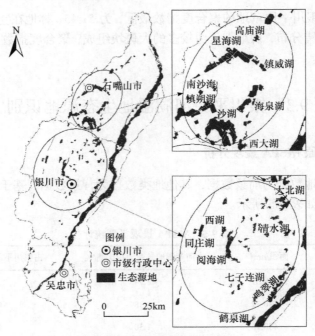

图 9-3　河湖湿地生态源地分布

性计算，dPC 计算结果见表 9-6。dPC 最大值为 57.620950，为沙湖，对维护当地生态安全具有重要作用；最小值为 0.234722，为七子连湖。沙湖、镇朔湖、星海湖、西大湖和阅海湖 dPC 较大，集中分布于核心区密集区，具有重要生态价值，对增强生态交流起到关键作用。其他 dPC 较小的生态源地围绕 dPC 大的生态源地交错分布，有效提升区域间生态交流和生态效益，分布范围广。

表 9-6　河湖湿地生态源地面积及景观连通统计

编号	名称	面积/km²	dPC	编号	名称	面积/km²	dPC
0	星海湖	13.9583	12.116070	8	/	4.695	0.578900
1	沙湖	33.4507	57.620950	9	镇威湖	4.9672	5.052738
2	阅海湖	11.0735	5.616550	10	南沙湖	3.7141	3.847742
3	海泉湖	12.5433	4.131891	11	西大湖	3.214	6.914604
4	镇朔湖	18.2697	32.142510	12	祁家湖	3.4942	1.909939
5	大北湖	9.3691	2.305264	13	第二拦洪库	3.0798	0.649102
6	鸣翠湖	9.869	4.147143	14	高庙湖	4.7027	0.580798
7	鹤泉湖	3.7143	0.562305	15	/	4.1652	0.455614

续表

编号	名称	面积/km²	dPC	编号	名称	面积/km²	dPC
16	七子连湖	2.9896	0.234722	20	/	2.435	1.873923
17	/	1.8238	0.587357	21	/	2.4398	0.516332
18	清水湖	2.0776	0.613363	22	/	2.9754	0.732499
19	同庄湖	2.6112	1.428917	23	/	1.7226	0.777928

注："/"表示水体未能在文献资料中查到名称,多系防洪水库。

对 dPC 累计贡献率进行分析,选取前 80%即大于 5.6 的源地为一级生态源地,共 5 个,分别为沙湖、镇朔湖、星海湖、西大湖和阅海湖,均为银川平原重要河湖湿地,集中分布于石嘴山市西南部;1.4<dPC<5.05 的生态源地为二级源地,共 8 个,分别为镇威湖、鸣翠湖、海泉湖、南沙湖、大北湖、祁家湖和同庄湖(还有 1 个无名水体),分布范围比较分散,对生态源地间连通性的提升起到关键作用;其余生态源地为三级生态源地,共 11 个,与一级、二级生态源地形成闭合环状生态源地结构,形成银川平原河湖湿地生态带,为增强区域间生态交流起到关键作用。

9.4　银川平原河湖湿地潜在生态廊道提取

9.4.1　银川平原河湖湿地阻力面构建

本节结合区域实际情况,筛选土地利用类型、高程、坡度和 MSPA 景观类型四个单一的阻力面,然后对这四个阻力面分别进行加权平均求和,形成综合阻力面。各阻力因子权重详见表 9-7。

表 9-7　银川平原河湖湿地阻力因子体系

阻力因子	分级指标	阻力值	权重	阻力因子	分级指标	阻力值	权重
高程/m	<1200	10	0.15	土地利用类型	林地	10	0.35
	[1200, 1300)	25			草地	20	
	[1300, 1400)	45			水域	30	
	[1400, 1500)	70			耕地	60	
	>1500	100			未利用地	80	
坡度/(°)	<3	5	0.15		建设用地	150	
	[3, 10)	10		坡度/(°)	[30, 45)	100	0.15
	[10, 15)	30					
	[15, 20)	50			>45	150	
	[20, 30)	80					

续表

阻力因子	分级指标	阻力值	权重	阻力因子	分级指标	阻力值	权重
MSPA 景观类型	核心区	5	0.35	MSPA 景观类型	孤岛	50	0.35
	桥接区	10			边缘区	70	
	环岛	20			孔隙	90	
	支线	30			背景	100	

　　从单个阻力面来说，城市建筑区域的阻力值高，水域及耕地类型的阻力值较低；高程阻力值分布均匀；MSPA 阻力面中，阻力值由核心区向背景递增(图 9-4)。

　　根据综合阻力面(图 9-5)，阻力值较高区域在都市区与西部部分山区，阻力值较低区域主要位于银川平原北部以及南部较少量耕地区域；中心地区属于城市区，人类活动度高，所以生态阻力较大。

9.4.2　银川平原河湖湿地潜在生态廊道提取

　　利用引力模型对银川平原生态网络的重要性进行分析(相互作用矩阵见附表 A-4)，有 19 条重要生态廊道主要分布在生态源地面积最大的斑块上，一般生态廊道则位于较小斑块之间。两斑块之间的作用力越强，说明斑块之间的连通性和流通性越好，如 19 号和 20 号生态源地。加强这些生态源地之间生态廊道的建设和保护，可以对研究区的连通性和环境保护作出重大贡献。一些生态源地相距

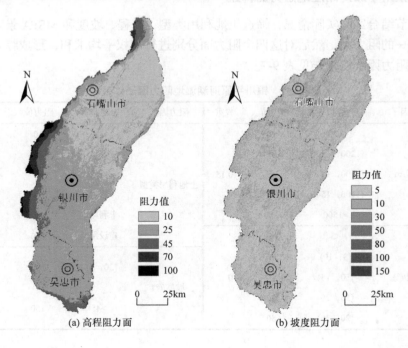

(a) 高程阻力面　　　　　　　　　　　(b) 坡度阻力面

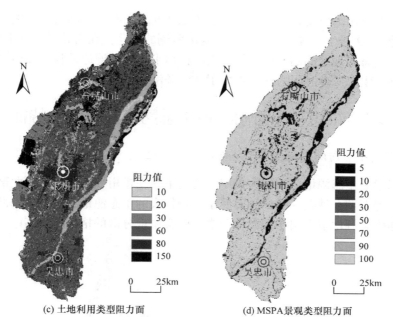

(c) 土地利用类型阻力面　　　　(d) MSPA景观类型阻力面

图 9-4　银川平原河湖湿地单项阻力因子阻力面

图 9-5　银川平原河湖湿地综合阻力面

较远，相互作用力较弱，表明这些生态源地彼此之间有松散的关系。例如，8 号生态源地和 22 号生态源地，分布在研究区西侧的南北。在河湖湿地网络构建中，须加强两生态源地之间的廊道连接，提高银川平原河湖湿地的整体连通性和网络结构。基于生态源地和阻力区，提取了 321 条潜在生态廊道。

9.5　银川平原河湖湿地生态网络空间结构特征

1. 银川平原河湖湿地生态源地空间分布特征

银川平原生态源地分布较为集中，主要集中在银川平原中部，南北部生态源地稀少。星海湖、沙湖、鸣翠湖等属于面积较大的生态源地，其余生态源地比较小，整体生态源地呈现出中部源地集中、两头源地分散的格局(图 9-6)。

图 9-6　银川平原河湖湿地生态网络

2. 银川平原河湖湿地生态廊道空间分布特征

银川平原河湖湿地生态源地主要分布在中部，潜在生态廊道也集中于中部区域，源地与源地之间生态廊道连接紧密。以黄河为主的生态廊道为银川平原的主要生态廊道。由于河湖湿地面积都较小，银川平原区域内重要的河湖也比较少，因此形成的生态廊道集中分布在中部区域。整体上，生态廊道结构相对稳定，呈现错综复杂的交错排列状态。

9.6 河湖湿地专题生态网络优化

1. 银川平原河湖湿地生态网络优化思路

根据银川平原现有水系网络对构建的潜在网络进行优化，需要强化以下问题。

(1) 生态源地优化。增加核心生态源地，优化网络连接。在缺少生态廊道的区域，根据面积与连通性增加核心生态源地，增强区域之间的连通性。在规划中应该注意生态源地的质量，提高整体景观连通性，改善生态系统功能。

(2) 生态廊道的优化。提取银川平原主要的水系生态廊道，对潜在生态廊道进行补充。银川平原本身存在的水系，从整体情况来看南北水系连通性较好，东西连通着许多黄河灌溉渠。

(3) 生态节点的优化。需要加快生态断裂点的修复。交通路线和房屋建筑对生态建设网络造成一定的割裂，使得廊道与通行线路交叉区域形成生态破坏点，阻断生态网络的连通性，造成生态建设网络破坏。要重视生态断裂点的修复工作，在进行一些建设规划时，设置明渠或是暗渠，从而保障水体的流通性。

2. 银川平原河湖湿地生态网络安全格局

优化后，银川平原河湖湿地生态网络的连通性进一步增强，呈现"水为脉，湖为珠"的结构模式。以黄河为主轴、以灌溉渠系和排水沟为骨架形成水脉，以湖泊、湿地为主要覆被类型，形成阅海湖、七子连湖、鸣翠湖等构成的银川城区湖群和星海湖、沙湖等构成的平罗-大湖口湖群，以及腾格里湖、鸟岛湿地构成的中卫-吴忠湖群，成为镶嵌于绿洲平原的明珠(图 9-7)。

今后发展中，为确保银川河湖水系生态健康，需要进一步注重河湖生态修复与管理保护，保障河湖生态基流，完善河湖生态体系，加强河湖岸线生态化建设；把典农河作为美丽河湖建设的主轴线，以水为脉、以绿为底、以美为题；运用水下森林、生态驳岸恢复、生态缓冲带建设等水生态修复措施，一体化推进"水、岸、林、草、园"综合治理，逐步构建多样、完整、健康的河湖生态体系。

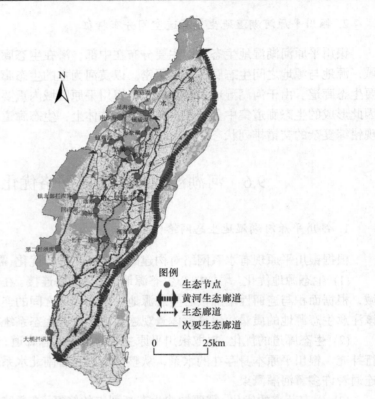

图 9-7　银川平原河湖湿地生态网络安全格局(见彩图)

第10章 生态网络的尺度效应及国土空间治理

土地生态安全格局是由生态空间中现存或是潜在的、对生物迁徙交流等过程具有重要影响意义的点、线、面、网等因子共同构建而成的。生态网络格局优化能够提升生物在交流过程中的便捷性、能量充沛性。区域生态网络建设与优化，需要系统考虑区域山水林田湖草沙生命共同体理念，遵循生态系统内部物质与能量流的良性反馈，积极发挥人的主观能动性，秉持人与自然和谐原理。统筹考虑生态系统完整性、自然地理单元连续性和经济社会发展可持续性，充分衔接国土空间规划，优化调整农业、生态、城镇空间，统筹推进山水林田湖草沙一体化保护修复。

10.1 生态网络的尺度效应

10.1.1 生态源地的尺度效应

宏观尺度和中小尺度下生态源地选择结果具有一定的差异性。裁剪出宁夏全域尺度下灵武市的生态源地，和县域尺度下灵武市的生态源地进行对比，分析不同尺度下选择生态源地的差异(图 10-1)。对比宁夏全域与县域尺度下灵武市生态

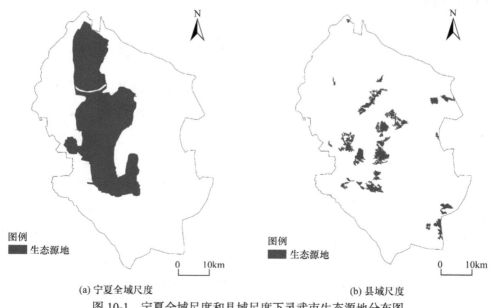

图例 ■ 生态源地

0 10km

图例 ■ 生态源地

0 10km

(a) 宁夏全域尺度   (b) 县域尺度

图 10-1 宁夏全域尺度和县域尺度下灵武市生态源地分布图

源地的情况，发现宁夏全域尺度下灵武市生态源地面积较大，数量较少，主要集中在白芨滩自然保护区，而县域尺度下灵武市生态源地分布分散，斑块较小，主要集中在中部区域。不同尺度对比，大尺度研究时往往视角更大，研究的范围多以大斑块为主，小尺度下的研究则视角范围较小，研究的范围多为破碎的小斑块。不同尺度下研究的生态源地不一样，得到的结果也存在很大的差异。宁夏全域尺度下，往往容易忽略较小源地的影响，仅考虑重要的、面积较大的源地；县域尺度下，则考虑较小斑块对生物的影响。说明不同尺度下选择的源地不同，研究侧重点也存在较大差异。

　　裁剪出宁夏全域尺度下银川中心城区生态源地分布，和城区尺度下的生态源地分布进行对比。对比宁夏全域尺度下中心城区生态源地与城区尺度下生态源地的分布情况(图 10-2)，不难发现，城区尺度下生态源地的斑块数量多，面积较小，分布零散，而宁夏全域尺度下中心城区生态源地仅有一个，并且面积较大。将宏观尺度下选择的生态源地与中小尺度下选择的生态源地对比，发现宏观尺度下生态源地一般面积较大，针对性比较强，主要是选择重要程度更大的生态源地作为研究区域；而在中小尺度下，尺度越小，研究得越详细，生态源地的数量越多，聚集的生态源地类型种类更多。宁夏全域尺度下重要生态源地分布在金凤区，其他区域及县域未有生态源地。城区尺度下生态源地分布广泛，主要集中在以宁夏全域尺度识别出的生态源地周边，其他区域的生态源地则分布零散。这说明不同尺度下的视角不同，产生的结果不同，识别出的生态源地也不同。

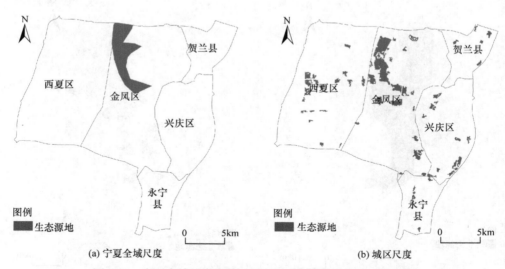

图 10-2　宁夏全域尺度和城区尺度下中心城区生态源地分布图

10.1.2　生态廊道的尺度效应

生态廊道的重要等级划分，是基于相应尺度下的重要性进行的。一种情况是高一级尺度下的重要廊道，在次级生态网络中仍然是重要廊道；另一种情况是高一级尺度下的次级廊道，在次级尺度下会成为重要廊道。

裁剪出宁夏全域尺度和中卫市尺度下的生态廊道，进行比较分析。两种尺度下形成的生态廊道走向在一定程度上具有相似性，但具体源地间的生态廊道曲折程度略有差异(图 10-3)。宁夏全域尺度下，生态廊道更加复杂，生态廊道的生成方式不仅仅局限在中卫市范围内。当考虑周边区域内源地时，得到的生态廊道结果更加合理，这对于物种的迁移具有极大的帮助。中卫市尺度下的生态廊道，考虑的影响因素多只针对中卫市范围内物种迁移的情况，很少考虑中卫市范围以外的生态源地，导致生成的生态廊道也仅局限在中卫市以内的区域。合理的研究应该是在小尺度下进行，但也应该加入周边其他重要源地的影响，将大尺度与小尺度产生的影响均纳入考虑，使构建的中卫市生态网络更具说服性。

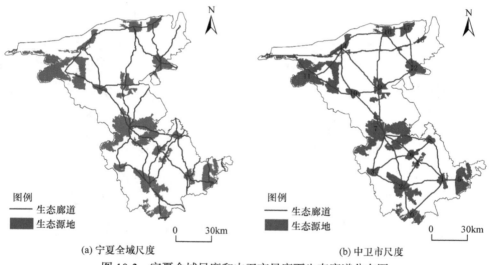

(a) 宁夏全域尺度　　　　　　　　　　　　(b) 中卫市尺度

图 10-3　宁夏全域尺度和中卫市尺度下生态廊道分布图

10.2　土地利用对生态源地的影响

土地利用对生态网络基础要素必然产生影响，本节主要探索分析其对构成生态源地的林地、草地和湿地的影响，来揭示土地利用变化对生态源地的影响。

10.2.1　土地利用对林地生态源地影响

以林地为前景，生成 2000 年和 2020 年宁夏的林地源地，按照统一的参数标准，分析林地源地数量、面积、能量因子的影响。此处能量因子采用绝对值，不需要标准化。

　　按照统一的参数标准，分别以2000年和2020年宁夏林地为前景数据，通过MSPA计算生成7种景观类型。2000年和2020年7种景观类型总面积均为1418.94万 hm²。2000年林地源地共有4270个，面积为9.77万 hm²，占前景数据的0.69%，能量因子为1.945×10⁸，最小值为769.5，最大值为1.520×10⁷，平均值为45552.42；2020年林地源地共有4582个，面积为12.30万 hm²，占前景数据的0.87%，能量因子为2.392×10⁸，最小值依然为769.5，最大值为1.703×10⁷，平均值为52199.67。

　　结合数据结果与林地源地的空间分布(图10-4)，宁夏中北部地区林地源地的面积增加明显，这与能量因子增加成正比。

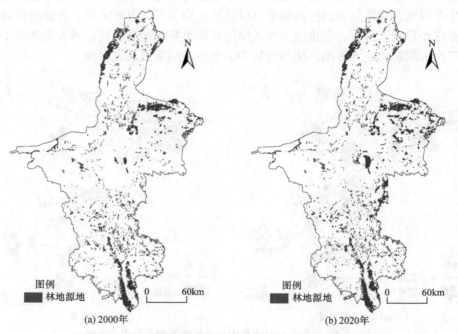

(a) 2000年　　　　　　　　　　　　　　　　(b) 2020年

图 10-4　MSPA 景观要素空间分布(林地生态源地提取结果)

10.2.2　土地利用对草地生态源地大小的影响

　　以草地为前景，生成2000年和2020年宁夏的草地源地(图10-5)，按照统一覆盖度参数标准，分析草地源地数量、面积、能量因子大小的影响。此处能量因子采用绝对值，不需要标准化。按照统一的参数标准，分别以2000年和2020年宁夏草地为前景数据，通过MSPA计算生成7种景观类型，2000年与2020年的7种景观类型总面积均为1418.94万 hm²。2000年草地源地共有19175

个，面积为 148.58 万 hm²，占前景数据的 10.47%，能量因子为 2.2508×10⁹，最小值为 720.90，最大值为 3.6800×10⁸，平均值为 117383.36；2020 年草地源地共有 18480 个，面积为 146.41 万 hm²，占前景数据的 10.32%，能量因子为 2.2251×10⁹，最小值依然为 720.90，最大值为 2.5732×10⁸，平均值为 120405.36。从数据结果来看，2000~2020 年，宁夏草地源地的数量与面积均有所下降，面积减少了 2.17 万 hm²，能量因子也随之下降了 2.57×10⁷；从草地源地的空间分布来看，宁夏的草地源地多分布于宁夏中南部与贺兰山一带，该区域的能量因子也较大。

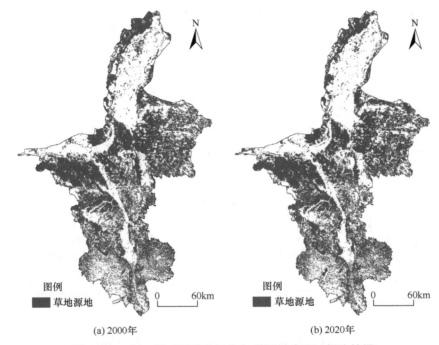

(a) 2000年　　　　　　　　　　　　　(b) 2020年

图 10-5　MSPA 景观要素空间分布(草地生态源地提取结果)

10.2.3　土地利用对湿地生态源地质量的影响

按照统一的参数标准，分别以 2000 年和 2020 年银川平原河湖湿地为前景数据，通过 MSPA 计算生成 7 种景观类型，2000 年与 2020 年的 7 种景观类型面积均为 1411.37 万 hm²。2000 年银川平原河湖湿地源地共有 1161 个，面积为 26.71 万 hm²，占前景数据的 1.89%，能量因子为 3.975×10⁷，最小值为 85.86，最大值为 2.265×10⁷，平均值为 34234.02；2020 年银川平原河湖湿地源地共有 1346 个，面积为 27.20 万 hm²，占前景数据的 1.93%，能量因子为 4.045×10⁷，最小值依然为 85.86，最大值为 9.21×10⁶，平均值为 30055.05。从数据结果来看，2000~2020 年，宁夏银川平原河湖湿地源地的数量与面积略有上升，面积增加了 0.49 万 hm²，能量因子随之增加了 7×10^5；从河湖湿地源地的空间分布来看，银川平原的河湖湿地源地沿贺兰山东麓的冲积平原分布变多，该区域的河湖湿地的能量因子也较大（图 10-6）。

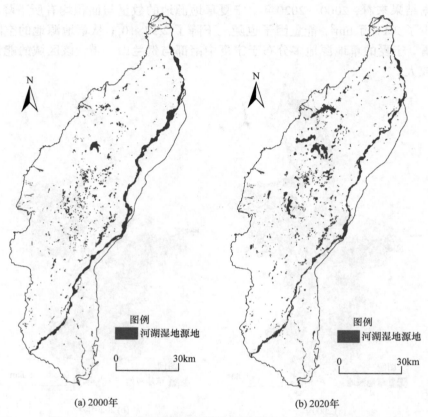

(a) 2000年　　　　　　　　　　　　　　　(b) 2020年

图 10-6　MSPA 景观要素空间分布(河湖湿地生态源地提取结果)

根据国家生态文明建设及黄河流域生态保护和高质量发展的部署和目标要求，按照宁夏建设黄河流域生态保护和高质量发展先行区的工作部署，宁夏黄河生态带着力加强生态保护，保障黄河长治久安，推进水资源节约集约利用，促进全流域高质量发展，保护传承弘扬黄河文化，率先建设黄河流域生态保护和高质量发展先行市，守好改善生态环境生命线和宁夏"西大门"，为构筑祖国西北乃至全国的生态安全保障，为继续建设经济繁荣、民族团结、环境优美、人民富裕的美丽新宁夏作出贡献。根据国家生态保护与修复"双重规划"，黄河上游风沙区山水林田湖草生态系统综合保护与修复基于区域生态系统特征、演化趋势和关键问题，从生态系统整体性、系统性与关联性出发，突出问题导向和目标导向。

10.3　生态网络核心要素保护与修复

1. 基于 NbS 的生态修复策略

面对严峻的气候、资源和环境压力,近年来基于自然的解决方案(Nature-based Solution,NbS)在世界上受到广泛关注。世界自然保护联盟(IUCN)对 NbS 的定义是保护、可持续管理和恢复自然和经改变的生态系统的行动,能有效和适应性地应对社会挑战,同时保障人类福祉和提高生物多样性效益。NbS 的主要目标是支持实现社会发展,并以反映文化和社会价值的方式保障人类福祉,同时增强生态系统恢复力、更新能力和服务能力。

NbS 提倡依靠自然的力量,应对气候变化、防灾减灾、社会和经济发展、粮食安全、水安全、生态系统退化和生物多样性丧失、人类健康等社会挑战。NbS 的技术和管理手段包括生态工程和流域系统工程、绿色/蓝色基础设施、生态系统方法、生态系统服务方法、自然资本等,其中最为重要的是生态系统方法。

2. 生态基质保护与修复实践

近年来,宁夏回族自治区持续推进天然草原禁牧封育工作,通过加快沙区草原植被恢复,全面落实草原生态奖补政策,大力实施退牧还草工程,建设优质人工饲草基地等措施,促进草畜产业持续协调发展。林业系统大力实施生态立区战略,奋力推进生态治理和修复,全区造林绿化取得显著成效,防沙治沙稳步推进,森林、湿地资源保护持续加强,绿色产业蓬勃发展,林业改革不断深入。

1978 年,我国启动实施"三北工程",宁夏是实施的省级行政区之一,也是全国唯一全境纳入"三北"防护林建设范围的省级行政区。1994 年,宁夏治沙工程被联合国环境规划署确定为"全球环境保护 500 佳",并荣获全国科技进步特等奖。2000 年国家开始实施天然林保护工程,宁夏全境被列入天然林保护建设范围。同年,宁夏开始试点建设退耕还林工程。2003 年 5 月 1 日,宁夏率先在全国以省级行政区为单位全面实行禁牧封育。2009 年 9 月,宁夏集体林权制度改革试点工作启动。2011 年,在试点的基础上,林改工作在全区推开。2018 年,宁夏全面启动大规模国土绿化行动。

实行分类指导、分区突破的生态保护与建设工作。以国家退耕还林、"三北"防护林等重点工程为依托,宁夏启动实施造林工程,不断创新绿化方式和造林模式，遵循降水线分布和不同区域水资源分布规律，精准造林，通过生态建设措施的实施，整体生态环境得到了有效改善，但仍须坚持以下原则，继续加强生态工程建设。第一，坚持科学规划治理。始终坚持科学务实、突出重点、整体推进的原则，组织工程技术人员深入山头地块，认真开展外业调查，科学制订退耕还林工程总体方案和年度实施方案及作业设计，坚持因地制宜，乔灌木搭配，生态经济结合，优化造林模式，科学配置造林树种，科学推进工程建设。第二，全面夯实管护责任。坚持造管并举，全面建立"市级统筹、县乡牵头、村组主导、群众参与、联防联治"的林木管护机制，依据"谁退耕、谁造林、谁经营、谁受益"的原则，与每个退耕农户签订管护责任合同，建立完善管护机制和奖惩制度。结合森林草原防火工作，突出源头严防、过程严管、后果严惩，全面落实森林防火、有害生物防治、自然灾害预防和封山禁牧措施，严厉查处各种毁林违法行为，切实巩固工程建设成果。

3. 生态源地保护与修复实践

宁夏通过建立森林、草原、荒漠、湿地、地质遗迹等各种类型自然保护区和确立重点湿地等形式，开展多样化的生态源地保护工作。其中，贺兰山生态保护修复项目被自然资源部列为向全球推广的基于自然的解决方案中国实践十大典型案例之一。通过建设污水处理厂及人工湿地，对入黄排水沟、干沟进行清淤，国控地表水考核断面水质达标率为100%，沙湖断面由2019年平均Ⅳ类水质提升为2022年平均Ⅲ类水质；典农河入黄口平均水质为Ⅳ类，黄河石嘴山出境断面稳定达到Ⅱ类水质。实施星海湖生态环境综合整治工程，星海湖增加防洪库容938万 m^3，水面面积减少50%至10.55km^2，水量减少30%至1400万 m^3，累计新增植被4500亩。山水林田湖草修复项目的实施，使动植物种群数量明显增加，沙湖、星海湖湿地珍稀鸟类数量明显增多，贺兰山国家级自然保护区国家一级、二级保护动物种群明显增加，生物多样性保护工作卓有成效。

六盘山国家级自然保护区成为宁夏、西北乃至全国野生动植物保护的关键区域，成为"野生动植物王国"。随着六盘山400mm降水线造林绿化等一系列工程的深入实施，六盘山保护区范围内的森林覆盖率由1985年的46.3%增加到了2020年的66.3%，活立木蓄积量达270万 m^3，占宁夏活立木蓄积量50%以上，成为名副其实的"高原绿岛"，生态环境持续改善。受地理位置、水资源条件等因素影响，仍须增强区域生态系统连通性，防治水土流失，推进保护监管基础设施建设，进一步提升生态系统整体质量。

沙坡头国家级自然保护区通过营造生态防护林、发展生态经济林、实施封山育林、扎设草方格和营造灌木林等，加大沙化区域的综合治理力度，开发建设了30万亩灌区，2万多人搬到沙区定居。经过30多年的荒漠化防治，扎设草方格和营造灌木林 44 万亩,沙漠治理利用面积达 147 万亩,有效阻止了沙漠入侵城市和农田,植被覆盖度也大幅增加,生态环境得到显著改善。

白芨滩国家级自然保护区采取人工造林、人工扎设草方格、人工点播灌草种子等措施进行沙化土地治理,沙区林草面积明显提高,控制流沙近百万亩,森林覆盖率达 41%,有效遏制了毛乌素沙地的南移和西扩,保护了黄河、银川河东地区的生态安全。主要保护对象天然柠条群落、猫头刺群落及沙冬青群落等种群数量明显增加,每年的治沙造林逐步演变为大片郁郁葱葱的灌木林,植被覆盖度、多样性增加,林地环境不断改善,成为"三北"防护林工程精准治沙、科学治沙的样板区。

南华山国家级自然保护区内林草茂盛,水源涵养效益明显,对维持区域生物多样性、保障周边乡镇供水和黄河支流清水河的水量发挥着重要作用。多年来,逐步改善的自然环境不但为野生动物、越冬迁飞的候鸟提供了优良的栖息地,同时发挥了防风固沙、涵养水源、调节气候、改良土壤等生态作用。近年来,统筹推动山水林田湖草沙系统治理,保护区生态修复、资源保护、基础设施建设、"智慧南华山"建设等重点工作有序开展。

罗山国家级自然保护区的建立使林草植被得到了很好的恢复,生物多样性明显增多,水源涵养林保护区面积已经从 20 世纪 80 年代的十几万亩扩大到 50 万亩。云雾山国家级自然保护区是黄土高原上唯一的草类自然保护区,该保护区的建设对黄土高原生态环境建设、草场植被保护、植物资源开发利用等有重大影响。哈巴湖国家级自然保护区、宁夏盐池机械化林场等,通过天然林资源保护工程、"三北"防护林工程和退耕还林工程建设,大力恢复森林植被,控制沙漠化土地蔓延,遏制毛乌素沙地南移,恢复了区域生态系统结构与功能。

通过多年的湿地保护和恢复,宁夏湿地面积保有量 310 万亩,有湿地类型自然保护区 4 处,其中国家级 1 处、自治区级 3 处;建成湿地公园 24 处,其中国家级 14 处、自治区级 9 处,城市湿地公园 1 处;落实湿地保护恢复各项法规制度,全区重要湿地得到有效保护,湿地保护率达到 51.6%。为了促进湿地保护,截至 2022 年,进入宁夏重要湿地名录的湿地面积达到 230 万亩,占宁夏湿地保有量的 74.19%(附表 A-3)。完成水土流失治理面积 79.29km²,实施地质灾害治理项目 6 个,完成沟道整治、开挖导引沟、铺设防汛道路、建造实施区域防洪拦洪库等工程,消除山体滑坡,疏通行洪沟道,有效遏制了水土流失。

4. 生态廊道保护与修复实践

在生态廊道建设方面,宁夏近年来主张黄河水道保护与工程建设、水系连通建设工作,以及加强交通干线和景观道路的绿化建设工作。

黄河水道保护与工程建设方面，在黄河流域规划指导下，宁夏河段治理开发取得了巨大成就，以堤防为主、河道整治工程相配套的黄河防洪工程体系的框架初步形成，有力保障了两岸人民生命财产安全和经济社会的快速发展，为促进当地经济和社会的可持续发展发挥了重要作用。截至 2022 年，黄河宁夏段河道整治工程有 84 处，坝垛 1257 道(座)，护岸 108.438km，工程总长度 231.521km。宁夏水系连通方面，主要河流有黄河干流及其支流。近年来，宁夏水系连通工程以地方区域为主，如银西河水系连通工程、青铜峡市东部水系连通工程、银川市东部水系连通工程等。通过扩挖、连通南北水系，截流中干沟等主要入黄排水沟水体汇入水系，配套控水建筑物，新建补充人工湿地形成了连通水系。

此外，对交通干线和景观道路实施了绿化工作。通过修剪主干道两侧树木，整治绿化高速公路匝道，抓好高速公路城市过境段、立交枢纽匝道、国省干道省际节点等绿化美化工作。高速公路城市过境段采用园林景观模式，根据立地条件，采用乔、灌、常绿树种和草、花合理搭配，形成景观层次丰富的风景林。在国道、省道和高速公路匝道、公路立交、收费站段等重要节点建设区域景观，在省区交界处建设标识性的生态景观林带。在高速公路沿线主要出入口，根据实际情况营造以绿化景观为主的城市公园绿地。在银川市区至机场、宁东段高速公路、银川绕城高速公路等重点区域实施美化工程，提高绿化档次，在具备条件的区域建设主题公园。银川黄河大桥至水洞沟段高速公路沿线，按照景观大道设计建设。高速公路山区路段和沙区段，分别根据立地条件，选用乔灌结合模式和沙旱生乔灌草结合模式，营造抗旱型乔灌结合的防护林带和沙区灌草型防风固沙林带。

今后发展中，以建设黄河流域生态保护和高质量发展先行区为统领，坚持高质量发展系统观念，落实《全国重要生态系统保护和修复重大工程总体规划(2021—2035 年)》《黄河重点生态区(含黄土高原生态屏障)生态保护和修复重大工程建设规划(2021—2035)》，以"一河三山"为重点，加强重点生态功能区、重要生态系统、自然遗迹、自然景观及珍稀濒危物种种群、极小种群保护，提升生态系统稳定性和复原力。

10.4　国土空间治理对策与建议

1. 生态空间治理

生态空间是保障人类社会与自然环境和谐共处的重要生态屏障，其数量与布局对于改善区域环境、提供宜居和休闲空间、保障国土生态安全具有重要意义。2000 年以来，宁夏大力推进多项生态修复措施，促进林草水湖等生态用地增加 0.38 万 hm²，未利用地减少 7.49 万 hm²。区域生态环境质量和生态系统服务价值得到明显提升，但南北部生态环境仍处于不平衡状态，北部区域受经济发展的影响，工矿等生产空间的扩张造成生态环境有所损失，因此仍须加强生态空间优化。

一是构建"一河三山"生态空间格局。突出黄河、贺兰山、六盘山、罗山在维护区域生态安全中的核心地位，通过建设河道水生态带、滩涂湿地生态带、堤路防护林生态带，打造滩河林田草交融共生的沿黄绿色生态廊道；通过推进治理宁东、石嘴山市等地区的矿山地质环境，沟道防洪和生态建设，中部和北部的平原绿道绿廊绿网建设，促进贺兰山生态区域向南扩张，建立贺兰山生态屏障；在水土流失严重的地区，继续实施封山育林政策，重点保护林地、草原等植被资源，提升水源涵养及水土保持能力；通过推进天然林保护、荒漠植被自然修复，提升生态系统稳定性，推动罗山区域向四周延展，建立罗山生态屏障。

二是严守生态保护红线底线。严格保护自然保护地、饮用水水源地一级保护区、黄河岸线、一级国家级公益林、其他有必要严格保护的生态重要区构成的生态保护红线。依法强化生态保护红线内用途管制，严禁任意改变用途，确保生态功能不降低、面积不减少、性质不改变。

三是完善分级分类的生物多样性保护网络。北部绿色发展区以贺兰山为优先区域，中部封育保护区以白芨滩、哈巴湖为优先区域，南部水源涵养区以六盘山为优先区域。

四是坚持生态空间系统修复工作。坚持自然恢复为主、人工修复为辅，以"一河三山"为重点，推进森林、草原、湿地、流域、农田、城市、沙漠七大生态系统建设，提升生态系统稳定性。基于国家级自然保护区，确定全区 54 个自然保护地，根据各类自然保护地功能定位，实行差别化管控。

2. 生产空间治理

本书所指的生产空间，主要针对农业生产空间。农业生产空间与粮食生产安全紧密相关，随着经济快速发展和人口急剧增加，生产用地面积呈逐年下降的趋势。城市化和生态修复导致的耕地流失，对粮食生产安全产生剧烈影响。如何维持生产空间、城乡发展空间与生态服务空间三者之间的可持续发展平衡，显得极其重要。

一是构建"三区一廊"的农业空间格局。以银川平原、卫宁平原为重点区域，加快构建绿色高效、优势突出的现代农业体系，建立北部现代农业示范区；

以水资源的合理利用为重点，形成以肉牛滩羊养殖、特色种植为主的旱作节水农业体系，建立中部高效节水农业示范区；以配套完善农田水利基础设施为抓手，形成以肉牛、冷凉蔬菜为主的较为完善的旱作生态农业体系，建立南部生态农业示范区；把葡萄酒产业发展与黄河滩区治理、生态保护修复结合起来，探索具有宁夏特色的产业、旅游、文化与生态融合发展之路，建立贺兰山东麓葡萄长廊。

二是严守耕地红线，将达到质量要求的稳定耕地依法划入永久基本农田。以沿黄两侧灌溉区、沿清水河两侧灌溉区与南部低丘河谷地为主，从严管控非农建设占用永久基本农田，禁止闲置、荒芜、破坏永久基本农田，严禁未经审批违法违规占用。积极推进永久基本农田储备区建设。

三是强化耕地保护与利用。严格贯彻、实施耕地保护制度，强化耕地数量、质量、生态"三位一体"保护，规范耕地占补平衡，加强耕地休养生息，逐步优化耕地空间布局，实现耕地数量基本稳定、质量稳步提升、生态持续改善。合理增加北部耕地，严格控制中部耕地，适度缩减南部耕地。

四是统筹土地资源结构调整与集约节约利用。按照"耕林草湿保底线、建设用地园地保发展、其他土地适度调减"的总体方向，统筹优化全域土地利用结构。

3. 生活空间治理

生活空间作为人类日常生活的主要空间，由城镇、乡村两部分组成。今后发展中塑造更加集约宜居的城镇空间是新时代生活空间的新要求。

一是构建"一主一带一副"的城镇空间格局。引导人口和经济向以银川为中心的沿黄城市群集聚，强化固原市在宁夏南部地区的辐射带动作用。同时，银川市应发挥首府城市辐射带动作用，推动银川城区与永宁县、贺兰县同城化发展，建设黄河"几"字弯宜居宜业中心城市。促进沿黄城市群全面一体化发展，着力发挥沿黄城市群在黄河中上游区域的辐射带动作用。同时，石嘴山市推进大武口区、平罗县、沙湖区域一体化发展；吴忠市推进利通区、青铜峡市同城化发展；中卫市推进卫宁一体化发展；固原市立足生态旅游和红色文化资源优势，建设成为南部人口集聚的中心、区域公共服务供给中心、生态园林和文化旅游城市。

二是严格管控城镇开发边界，推进城乡融合发展。以县域为基本单元推进城乡融合发展，发挥小城镇衔接城乡、联动工农作用。尊重自然地理格局和城市发展规律，综合考虑资源承载能力、人口分布、经济布局、城乡统筹、城镇发展阶段和发展潜力，划定城镇开发边界并严格管控。

三是建设生态宜居美丽乡村。乡村振兴和城乡深入推进融合，发展资源和生产要素在城乡之间双向流动,建设生态宜居美丽乡村。因地制宜、分类推进村庄布局优化,建设"集聚提升类""城郊融合类"高质量美丽宜居村庄,培育发展"特色保护类"传统村落,实施"整治改善类"村庄改造,稳步推进"搬迁撤并类"村庄调整。加强乡村综合整治,推进农村低效建设用地整治,加强田水路林村风貌整治。

四是布局集约高效的基础设施空间廊道。统筹交通、能源、水利等线性基础设施空间布局,构建"三横两纵"空间廊道,加强线性基础设施空间管控,促进空间集约高效。

参 考 文 献

[1] 金爱博, 张诗阳, 王向荣. 宁绍平原绿地生态网络时空格局与优化研究[J]. 生态与农村环境学报, 2022, 38(11): 1415-1426.

[2] 璩路路, 刘彦随, 周扬, 等. 罗霄山区生态用地时空演变及其生态系统服务功能的响应——以井冈山为例[J]. 生态学报, 2019, 39(10): 3468-3481.

[3] 刘世梁, 侯笑云, 尹艺洁, 等. 景观生态网络研究进展[J]. 生态学报, 2017, 37(12): 3947-3956.

[4] 潘雷. 基于生态网络分析的武汉市生态安全格局构建[D]. 武汉: 武汉科技大学, 2019.

[5] 赵珂, 李享, 袁南华. 从美国"绿道"到欧洲绿道: 城乡空间生态网络构建——以广州市增城区为例[J]. 中国园林, 2017, 33(8): 82-87.

[6] Forbes S. The Lake as a Microcosm(excerpt), Bulletin of the Peoria Scientific Association (1887)[R]. Illinois Natural History Survey Bulletin, 1887.

[7] Forbes S A. The lake as a microcosm[J]. Bulletin of the Peoria Scientific Association, 1887, 15: 77-87.

[8] 邬建国. 景观生态学——概念与理论[J]. 生态学杂志, 2000, 19(1): 42-52.

[9] 刘乙斐. 基于 MSPA 和 MCR 模型生态网络构建优化研究[D]. 北京: 北京林业大学, 2020.

[10] 傅伯杰. 国土空间生态修复亟待把握的几个要点[J]. 中国科学院院刊, 2021, 36(1): 64-69.

[11] 龚阳春, 周亮, 孙东琪, 等. 韧性视角下中国超大城市绿带破碎化与连通性测度分析——以北京、西安及成都为例[J]. 地理科学, 2023, 43(7): 1195-1205.

[12] 孙曦, 白琨玉, 郝翔. 日本生态网络规划发展的介绍及启示[J]. 山西建筑, 2019, 45(5): 194-195.

[13] 江文华, 魏合义. 城市绿色基础设施: 概念、分类及其价值[J]. 江西师范大学学报(自然科学版), 2021, 45(3): 246-254.

[14] 剧楚凝, 周佳怡, 姚朋. 英国绿色基础设施规划及对中国城乡生态网络构建的启示[J]. 风景园林, 2018, 25(10): 77-82.

[15] 葛晓云, 周伟, 范黎. 荷兰生态网络建设经验[J]. 中国土地, 2018, (4): 35-37.

[16] 林中杰, 解文龙, 李明峻, 等. 绿道系统引导城市形态持续性发展的机制——以美国夏洛特大都市区为例[J]. 风景园林, 2021, 28(8): 18-23.

[17] 曲艺, 陆明. 生态网络规划研究进展与发展趋势[J]. 城市发展研究, 2016, 23(8): 29-36.

[18] Andersson E, Barthel S, Borgstrom S, et al. Reconnecting cities to the biosphere: Stewardship of green infrastructure and urban ecosystem service[J]. Ambio, 2014, 43: 445-453.

[19] 陈宁. 波士顿翡翠项链和杭州西湖景区城市公园比较[J]. 山西建筑, 2022, 48(5): 139-142.

[20] Weber S, Boley B B, Palardy N, et al. The impact of urban greenways on residential concerns: Findings from the Atlanta BeltLine Trail[J]. Landscape and Urban Planning, 2017, 167: 147-156.

[21] 燕大立. 波士顿公园系统发展史与公园城市建设的策略研究[D]. 广州: 华南农业大学, 2020.

[22] Eisenman T S. Frederick Law Olmsted, Green Infrastructure, and the Evolving City[J]. Journal of Planning History, 2013, 12(4): 287-311.

[23] 李咏华, 王竹. 马里兰绿图计划评述及其启示[J]. 建筑学报, 2010, (S2): 26-32.

[24] Fabos J, Lindhult M, Ryan R. The New England Greenway Vision Plan[EB/OL]. http://www.umass.edu/greenway.

[25] 谢鹏飞. 伦敦新城规划建设研究(1898—1978)——兼论伦敦新城建设的经验、教训和对北京的启示[D]. 北京: 北京大学, 2009.

[26] 吴晓敏. 英国绿色基础设施演进对我国城市绿地系统的启示[J]. 华中建筑, 2014, 32(8): 102-106.

[27] 陈小奎, 莫训强, 李洪远. 埃德蒙顿生态网络规划对滨海新区的借鉴与启示[J].中国园林, 2011, 27(11): 87-90.

[28] 孙文清, 高群英, 康学建. 城市绿道网络规划研究现状及发展趋势[J]. 现代园艺, 2022, 45(18): 155-156, 159.

[29] 冯舒, 唐正宇, 俞露, 等. 城市群生态网络协同构建场景要素与路径分析——以粤港澳大湾区为例[J]. 生态学报, 2022, 42(20): 8223-8237.

[30] 黄苍平, 尹小玲, 黄光庆, 等. 厦门市同安区生态安全格局构建[J]. 热带地理, 2018, 38(6): 874-883.

[31] 田雅楠, 张梦晗, 许荡飞, 等. 基于"源-汇"理论的生态型市域景观生态安全格局构建[J]. 生态学报, 2019, 39(7): 2311-2321.

[32] 周汝波, 林媚珍, 吴卓, 等. 基于生态系统服务重要性的粤港澳大湾区生态安全格局构建[J]. 生态经济, 2020, 36(7): 189-196.

[33] 陈小平, 陈文波. 鄱阳湖生态经济区生态网络构建与评价[J]. 应用生态学报, 2016, 27(5): 1611-1618.

[34] 马才学, 杨蓉萱, 柯新利. 基于生态压力视角的长三角地区生态安全格局构建与优化[J]. 长江流域资源与环境, 2022, 31(1): 135-147.

[35] Teng M, Wu C, Zhou Z, et al. Multipurpose greenway planning for changing cities: A framework integrating priorities and a least-cost path model[J]. Landscape & Urban Planning, 2011, 103(1):1-14.

[36] 朱军, 李益敏, 余艳红. 基于GIS的高原湖泊流域生态安全格局构建及优化研究——以星云湖流域为例[J]. 长江流域资源与环境, 2017, 26(8): 1237-1250.

[37] 王成新, 万军, 于雷, 等. 基于生态网络格局的城市生态保护红线优化研究——以青岛市为例[J]. 中国人口·资源与环境, 2017, 27(S1): 9-14.

[38] 丛佃敏, 赵书河, 于涛, 等. 综合生态安全格局构建与城市扩张模拟的城市增长边界划定——以天水市规划区(2015—2030年)为例[J]. 自然资源学报, 2018, 33(1): 14-26.

[39] 张豆, 渠丽萍, 张桀滈. 基于生态供需视角的生态安全格局构建与优化——以长三角地区为例[J]. 生态学报, 2019, 39(20): 7525-7537.

[40] 霍锦庚, 时振钦, 朱文博, 等. 郑州大都市区生态网络构建及格局优化[J].应用生态学报, 2023, 34(3): 742-750.

[41] 高宇, 木皓可, 张云路, 等. 基于MSPA分析方法的市域尺度绿色网络体系构建路径优化研究——以招远市为例[J]. 生态学报, 2019, 39(20): 7547-7556.

[42] 徐伟振, 黄思颖, 耿建伟, 等. 基于MCR和重力模型下的厦门市生态空间网络构建[J]. 西北林学院学报, 2022, 37(2): 264-272.

[43] 陈丹阳, 栗梦悦. 基于MSPA-MCR的东莞市域生态空间网络构建与管控研究[C]//中国城市规划学会, 成都市人民政府. 面向高质量发展的空间治理——2021中国城市规划年会论文集(08 城市生态规划). 北京: 中国建筑工业出版社, 2021.

[44] 郭家新, 胡振琪, 李海霞, 等. 基于MCR模型的市域生态空间网络构建[J]. 农业机械学报, 2021, 52(3): 275-284.

[45] 齐松, 罗志军, 陈瑶瑶, 等. 基于MSPA与最小路径方法的袁州区生态网络构建与优化[J]. 农业现代化研究, 2020, 41(2): 351-360.

[46] 周英, 施成超, 刘滢, 等. 基于MSPA-MCR模型的云南德昂族乡景观生态安全格局构建[J]. 西南林业大学学报(社会科学), 2022, 6(1): 54-62.

[47] 陈群, 刘平辉, 朱传民. 基于 MCR 模型的江西省抚州市生态安全格局构建[J].水土保持通报, 2022, 42(2): 210-218.

[48] 罗言云, 谭小昱, 何柳燕, 等. 大熊猫国家公园邛崃山—大相岭片区生态网络构建及优化[J]. 风景园林, 2022, 29(8): 93-101.

[49] 朱捷, 苏杰, 尹海伟, 等. 基于源地综合识别与多尺度嵌套的徐州生态网络构建[J]. 自然资源学报, 2020, 35(8): 1986-2001.

[50] 刘祥平, 张贞, 李玲玉, 等. 多维视角下天津市生态网络结构演变特征综合评价[J]. 应用生态学报, 2021, 32(5): 1554-1562.

[51] 姚晓洁, 胡宇, 李久林, 等. 基于"压力-状态-响应模式"的安徽省临泉县生态安全格局构建[J]. 安徽农业大学学报, 2020, 47(4): 538-546.

[52] 贾振毅, 陈春娣, 童笑笑, 等. 三峡沿库城镇生态网络构建与优化——以重庆开州新城为例[J]. 生态学杂志, 2017, 36(3): 782-791.

[53] 张盼月, 丁依冉, 蔡雅静, 等. 河流生态廊道提取方法研究及其应用思路[J]. 生态学报, 2022, 42(5): 2010-2021.

[54] 贾振毅. 城市生态网络构建与优化研究[D]. 重庆: 西南大学, 2017.

[55] 陈春娣, 贾振毅, 吴胜军, 等. 基于文献计量法的中国景观连接度应用研究进展[J]. 生态学报, 2017, 37(10): 3243-3255.

[56] 李子豪, 陈卉, 万山霖, 等. 基于复杂网络理论的区域生态空间网络格局及稳定性测度——以长三角地区为例[J]. 中国城市林业, 2021, 19(5): 1-8.

[57] 李亚丽. 基于 ARSEI 和电路理论的生态环境质量评价及安全格局优化[D]. 西安: 西北大学, 2022.

[58] 金云峰, 周艳, 沈洁. 蓝绿生态网络系统修复的 LID 雨景单元设计方法研究——基于山地水文特征分析[J]. 中国园林, 2018, 34(10): 83-87.

[59] 王倩娜, 谢梦晴, 张文萍, 等. 成渝城市群区域生态与城镇发展双网络格局分析及时空演变[J]. 生态学报, 2023, 43(4): 1380-1398.

[60] 李红波, 黄悦, 高艳丽. 武汉城市圈生态网络时空演变及管控分析[J]. 生态学报, 2021, 41(22): 9008-9019.

[61] Li S, Xiao W, Zhao Y, et al. Quantitative analysis of the ecological security pattern for regional sustainable development: Case study of Chaohu Basin in Eastern China[J]. Journal of Urban Planning and Development, 2019, 145(3): 04019009.

[62] Li S C, Xiao W, ZhaoY L, et al. Incorporating ecological risk index in the multi-process MCRE model to optimize the ecological security pattern in a semi-arid area with intensive coal mining: A case study in Northern China[J]. Journal of Cleaner Production, 2020, 247: 119143.

[63] 吴平, 林浩曦, 田璐. 基于生态系统服务供需的雄安新区生态安全格局构建[J].中国安全生产科学技术, 2018, 14(9): 5-11.

[64] Wang Y, Pan J. Building ecological security patterns based on ecosystem services value reconstruction in an arid inland basin: A case study in Ganzhou District, NW China[J]. Journal of Cleaner Production, 2019, 241:118337.

[65] 毛诚瑞, 代力民, 齐麟, 等. 基于生态系统服务的流域生态安全格局构建——以辽宁省辽河流域为例[J]. 生态学报, 2020, 40(18): 6486-6494.

[66] 刘骏杰, 陈璟如, 来燕妮, 等. 基于景观格局和连接度评价的生态网络方法优化与应用[J]. 应用生态学报, 2019, 30(9): 3108-3118.

[67] 谢于松, 王倩娜, 罗言云. 基于 MSPA 的市域尺度绿色基础设施评价指标体系构建及应用——以四川省主要城市为例[J]. 中国园林, 2020, 36(7): 87-92.

[68] 韦宝婧, 苏杰, 胡希军, 等. 基于"HY-LM"的生态廊道与生态节点综合识别研究[J]. 生态学报, 2022, 42(7): 2995-3009.

[69] 胡其玉, 陈松林. 基于生态系统服务供需的厦漳泉地区生态网络空间优化[J]. 自然资源学报, 2021, 36(2): 342-355.

[70] 郑茜, 曾菊新, 罗静, 等. 武汉市生态网络空间结构及其空间管治研究[J]. 经济地理, 2018, 38(9): 191-199.

[71] 潘竟虎, 刘晓. 基于空间主成分和最小累积阻力模型的内陆河景观生态安全评价与格局优化——以张掖市甘州区为例[J]. 应用生态学报, 2015, 26(10): 3126-3136.

[72] 杨志广, 蒋志云, 郭程轩, 等. 基于形态空间格局分析和最小累积阻力模型的广州市生态网络构建[J]. 应用生态学报, 2018, 29(10): 3367-3376.

[73] Santos J S, Leite C C C, Viana J C C, et al. Delimitation of ecological corridors in the Brazilian Atlantic Forest[J]. Ecological Indicators, 2018, 88: 414-424.

[74] 刘颂, 何蓓. 基于 MSPA 的区域绿色基础设施构建——以苏锡常地区为例[J]. 风景园林, 2017, (8): 98-104.

[75] 王越, 林箐. 基于 MSPA 的城市绿地生态网络规划思路的转变与规划方法探究[J]. 中国园林, 2017, 33(5): 68-73.

[76] 杨佩, 时雅宁, 朱格格, 等. 基于 MSPA 与电路理论的洛阳市生态网络构建与优化[J]. 黑龙江生态工程职业学院学报, 2023, 36(6): 23-28, 125.

[77] 宁琦, 朱梓铭, 覃盟琳, 等. 基于 MSPA 和电路理论的南宁市国土空间生态网络优化研究[J]. 广西大学学报(自然科学版), 2021, 46(2): 306-318.

[78] 陈南南, 康帅直, 赵永华, 等. 基于 MSPA 和 MCR 模型的秦岭(陕西段)山地生态网络构建[J]. 应用生态学报, 2021, 32(5): 1545-1553.

[79] Dong J, Peng J, Liu Y, et al. Integrating spatial continuous wavelet transform and kernel density estimation to identify ecological corridors in megacities[J]. Landscape and Urban Planning, 2020, 199: 103815.

[80] 李政, 丁忆, 王亚林, 等. 基于最小累积阻力模型的山地石漠化地区生态安全格局构建: 以重庆市南川区为例[J]. 生态与农村环境学报, 2020, 36(8): 1046-1054.

[81] 史娜娜, 韩煜, 王琦, 等. 青海省保护地生态网络构建与优化[J]. 生态学杂志, 2018, 37(6): 1910-1916.

[82] 杨帅琦, 何文, 王金叶, 等. 基于 MCR 模型的漓江流域生态安全格局构建[J]. 中国环境科学, 2023, 43(4): 1824-1833.

[83] 刘瑞程, 沈春竹, 贾振毅, 等. 道路景观胁迫下沿海滩涂地区生态网络构建与优化——以盐城市大丰区为例[J]. 生态学杂志, 2019, 38(3): 828-837.

[84] 路晓, 王金满, 李新凤, 等. 基于最小费用距离的土地整治生态网络构建[J]. 水土保持通报, 2017, 37(4): 143-149, 346.

[85] 胡炳旭, 汪东川, 王志恒, 等. 京津冀城市群生态网络构建与优化[J]. 生态学报, 2018, 38(12): 4383-4392.

[86] 沈钦炜, 林美玲, 莫惠萍, 等. 佛山市生态网络构建及优化[J]. 应用生态学报, 2021, 32(9): 3288-3298.

[87] 秦子博, 玄锦, 黄柳菁, 等. 基于 MSPA 和 MCR 模型的海岛型城市生态网络构建——以福建省平潭岛为例[J]. 水土保持研究, 2023, 30(2): 303-311.

[88] 杨超, 戴菲, 陈明, 等. 基于 MSPA 和电路理论的武汉市生态网络优化研究[C]. 中国风景园林学会. 中国风景园林学会 2020 年会论文集(下册). 北京: 中国建筑工业出版社, 2020.

[89] 梁艳艳, 赵银娣. 基于景观分析的西安市生态网络构建与优化[J]. 应用生态学报, 2020, 31(11): 3767-3776.

[90] 刘晓阳, 魏铭, 曾坚, 等. 闽三角城市群生态网络分析与构建[J]. 资源科学, 2021, 43(2): 357-367.

[91] 刘晓阳, 曾坚, 曾鹏. 厦门市绿地生态网络构建及优化策略[J]. 中国园林, 2020, 36(7): 76-81.

[92] 李倩瑜, 唐立娜, 邱全毅, 等. 基于形态学空间格局分析和最小累积阻力模型的城市生态安全格局构建——以厦门市为例[J]. 生态学报, 2024, 44(6): 2284-2294.

[93] 高娜, 姜雪, 郑曦. 基于生态系统服务的永定河流域北京段生态网络构建与优化[J]. 北京林业大学学报, 2022, 44(3): 106-118.

[94] 王崑, 郑伊含, 罗垚, 等. "城市双修"导向下城市绿地生态网络规划策略研究——以黑龙江省桦南县中心城区为例[J]. 西南大学学报(自然科学版), 2021, 43(5): 182-194.

[95] 高雅玲, 黄河, 李治慧, 等. 基于 MSPA 的平潭岛生态网络构建[J]. 福建农林大学学报(自然科学版), 2019, 48(5): 640-648.

[96] 汪勇政, 李久林, 顾康康, 等. 基于形态学空间格局分析法的城市绿色基础设施网络格局优化——以合肥市为例[J]. 生态学报, 2022, 42(5): 2022-2032.

[97] 汉瑞英, 赵志平, 肖能文. 生物多样性保护优先区生态网络构建与优化——以太行山片区为例[J]. 西北林学院学报, 2021, 36(2): 61-67.

[98] 李瑾, 金晓斌, 孙瑞, 等. 江南水网区域复合型生态网络构建初探——以常州市金坛区为例[J]. 长江流域资源与环境, 2020, 29(11): 2427-2435.

[99] 张阁, 张晋石. 德国生态网络构建方法及多层次规划研究[J]. 风景园林, 2018, 25(4): 85-91.

[100] 刘建华. 基于层级分析的包头生态网络结构及格局演变研究[D]. 北京: 北京林业大学, 2019.

[101] 王戈, 于强, Yang D, 等. 包头市层级生态网络构建方法研究[J]. 农业机械学报, 2019, 50(9): 235-242,207.

[102] 丁成呈, 张敏, 束学超, 等. 多尺度的城市生态网络构建方法——以合肥市主城区生态网络规划为例[J]. 规划师, 2021,37(3): 35-43.

[103] 潘远珍, 袁兴中, 王芳, 等. 基于乡村山塘的生态网络构建及优化调控[J]. 水生态学杂志, 2023, 44(4): 99-106.

[104] 张晓琳, 金晓斌, 赵庆利, 等. 基于多目标遗传算法的层级生态节点识别与优化——以常州市金坛区为例[J]. 自然资源学报, 2020, 35(1): 174-189.

[105] 张浪. 上海市多层次生态空间系统构建研究[J]. 上海建设科技, 2018, (3): 1-4.

[106] 许峰, 尹海伟, 孔繁花, 等. 基于 MSPA 与最小路径方法的巴中西部新城生态网络构建[J]. 生态学报, 2015, 35(19): 6425-6434.

[107] 陈春娣, Meurk D C, Ignatieva E M, 等. 城市生态网络功能性连接辨识方法[J]. 生态学报, 2015, 35(19): 6414-6424.

[108] 王越, 赵雯琳, 刘纯青. 基于 MSPA-Conefor-MCR 路径的生态网络优化及其构建——以彭泽县为例[J]. 江西农业大学学报, 2022, 44(2): 504-518.

[109] 吴榛, 王浩. 扬州市绿地生态网络构建与优化[J]. 生态学杂志, 2015, 34(7): 1976-1985.

[110] 郑淑颖, 管东生, 马灵芳, 等. 广州城市绿地斑块的破碎化分析[J]. 中山大学学报(自然科学版), 2000, (2): 109-113.

[111] 李斌, 陈月华, 童方平, 等. 采矿废弃地植被恢复与可持续景观营造研究——以湖南冷水江锑矿区为例[J]. 中国农学通报, 2010, 26(9): 273-276.

[112] 查尔斯·E·利特尔. 美国绿道[M]. 余青, 莫雯静, 陈海沐, 译. 北京: 中国建筑工业出版社, 2013.

[113] Opdam P, Foppen R, Reijnen R, et al. The landscape ecological approach in bird conservation: Integrating the metapopulation concept into spatial planning[J]. Ibis, 2010, 137(S1): S139-S146.

[114] Nimmo D G, Nally R M, Cunningham S C, et al. Vive la résistance: Reviving resistance for 21st century conservation[J]. Trends in ecology & evolution, 2015, 30(9): 516-523.

[115] 汪再祥. 自然保护地法体系的展开:迈向生态网络[J]. 暨南学报(哲学社会科学版), 2020, 42(10): 54-66.

[116] Horte O S, Eisenman T S. Urban greenways: A systematic review and typology[J]. Land, 2020, 9(2): 1-22.

[117] Payton S B, Ottensmann J R. The implicit price of urban public parks and greenways: A spatial-contextual approach[J]. Journal of Environmental Planning and Management, 2015, 58: 495-512.

[118] Ahern J. Greenways as a landscape and urban planning[J]. Planning Strategy, 1995, (33): 131-155.

[119] 茌文秀, 林广思. 大尺度景观规划项目的实施保障机制研究——以珠三角绿道网为例[J]. 中国园林, 2021, 37(9): 25-30.

[120] 吴伟, 付喜娥. 绿色基础设施概念及其研究进展综述[J]. 国际城市规划, 2009, 24(5): 67-71.

[121] 秦小萍, 魏民. 中国绿道与美国 Greenway 的比较研究[J]. 中国园林, 2013, (4): 119-124.

[122] Benedict M E, McMahon E T. Green Infrastructure: Linking Landscapes and Communities[M]. Washington D.C.: Island Press, 2006.

[123] Tzoulas K, Korpela K, Venn S, et al. Promoting ecosystem and human health in urban areasusing Green Infrastructure: A literature review[J]. Landscape and Urban Planning, 2007, 81: 167-178.

[124] 丁圣彦, 曹新向. 让城市生态流动起来——城市生物多样性保护的景观生态学原理和方法[J]. 生态经济, 2003, (4): 32-35.

[125] 高增祥, 陈尚, 李典谟, 等. 岛屿生物地理学与集合种群理论的本质与渊源[J]. 生态学报, 2007, 27(1): 304-313.

[126] 许冬焱. 论复合种群的理论与模型在保护生物学中的应用[J]. 肇庆学院学报, 2003, (5): 48-51.

[127] Opdam P. Metapopulation theory and habitat fragmentation: A review of holarctic breeding bird studies[J]. Lanscape Ecology, 1991, 5(2): 93-106.

[128] Harrison S, Taylor A D. Empirical Evidence for Metapopulation Dynamics[M]//Hanski I A, Gilpin M E. Metapopulation Biology: Ecology, Genetics and Evolution. San Diego: Academic Press, 1997.

[129] Taylor P D, Fahrig L, Henein K, et al. Connectivity is a vital element of landscape structure[J]. Oikos, 1993, 68: 571-572.

[130] Tischendorf L, Fahrig L. How should we measure landscape connectivity?[J]. Landscape Ecology, 2000, 15: 633-641.

[131] Stauffer D, Aharony A. Introduction to Percolation Theory[M]. London: Taylor & Francis, 1985.

[132] Sahimi M. Applications of Percolation Theory[M]. London: Taylor & Francis, 1994.

[133] 伊恩·伦诺克斯·麦克哈格. 设计结合自然[M]. 芮经纬, 译. 天津: 天津大学出版社, 2006.

[134] Simon H A. The organization of complex systems[M]//Pattee H. HedHierarchy Theory: The Challenge of Complex Systems. New York: George Braziller, 1973.

[135] Simon H A. The Organization of Complex Systems[J]. Boston Studies in the Philosophy of Science, 1977, 54: 245-261.

[136] O'Neill R V, Hunsaker C T, Timmins S P, et al. Scale problems in reporting landscape pattern at the regional scale[J]. Landscape Ecology, 1996, 11(3): 169-180.

[137] Bischoff N T, Jongman R H G. Development of Rural Areas in Europe: The Claim for Nature[R/OL]. 1993. http://library.oapen.org/handle/20.500.12657/34141.

[138] 苏凯, 岳德鹏, Yang D, 等. 基于改进力导向模型的生态节点布局优化[J]. 农业机械学报, 2017, 48(11): 215-221.

[139] Richard T T. Land mosaics: The Ecology of Landscapes and Regions[M]. Cambridge: Cambridge University Press, 1995.

[140] 袁少雄, 宫清华, 陈军, 等. 广东省自然保护区生态网络评价及其生态修复建议[J]. 热带地理, 2021, 41(2):

431-440.

[141] 郭熠栋. 武汉市多尺度绿色网络规划研究[D]. 武汉: 华中科技大学, 2019.

[142] 宫聪. 绿色基础设施导向的城市公共空间系统规划研究[D]. 南京: 东南大学, 2018.

[143] 邱瑶, 常青, 王静. 基于 MSPA 的城市绿色基础设施网络规划——以深圳市为例[J]. 中国园林, 2013, 29(5): 104-108.

[144] 陆禹, 余济云, 陈彩虹, 等. 基于粒度反推法的景观生态安全格局优化——以海口市秀英区为例[J]. 生态学报, 2015, 35(19): 6384-6393.

[145] 曲艺, 陆明. 生态网络视角下的市域生态空间规划与管控策略——以哈尔滨市为例[J]. 城市建筑, 2018, (18): 124-126.

[146] 张蕾, 危小建, 周鹏. 基于适宜性评价和最小累积阻力模型的生态安全格局构建——以营口市为例[J]. 生态学杂志, 2019, 38(1): 229-236.

[147] 高建强, 赵滨霞. 城市区域生态廊道的含义、功能和模式[J]. 能源与环境, 2007, (6): 77-78.

[148] 王贝, 刘纯青. 基于 Citespace 与 VOSviewer 的国内生态网络研究[J]. 环境科学与管理, 2021, 46(4): 53-58.

[149] 朱强, 俞孔坚, 李迪华. 景观规划中的生态廊道宽度[J]. 生态学报, 2005, 25(9): 2406-2412.

[150] 王越, 林箐. 基于 MSPA 的城市绿地生态网络规划思路的转变与规划方法探究[J]. 中国园林, 2017, 33(5): 68-73.

[151] Pressey R L, Possingham H P, Day J R. Effectiveness of alternative heuristic algorithms for identifying indicative minimum requirements for conservation reserves[J]. Biological Conservation, 1997, 80: 207-219.

[152] Hanski I. A practical model of metapopulation dynamics[J]. Journal of Animal Ecology, 1994, 63: 151-162.

[153] Cook E, van Lier H N. Landscape Planning and Ecological Networks[M]. Boston: Elsevier, 1994.

[154] 张远景, 柳清, 刘海礁. 城市生态用地空间连接度评价——以哈尔滨为例[J].城市发展研究, 2015, 22(9): 2, 15-22.

[155] Pascual-Hortal L, Saura S. Comparison and development of new graph-based landscape connectivity indices: Towards the priorization of habitat patches and corridors for conservation[J]. Landscape Ecology, 2006, 21(7) : 959-967.

[156] 陈剑阳, 尹海伟, 孔繁花, 等. 环太湖复合型生态网络构建[J]. 生态学报, 2015, 35(9): 3113-3123.

[157] 张蕾, 苏里, 汪景宽, 等. 基于景观生态学的鞍山市生态网络构建[J]. 生态学杂志, 2014, 33(5): 1337-1343.

[158] 蔡婵静, 周志翔, 陈芳, 等. 武汉市绿色廊道景观格局[J]. 生态学报, 2006, 26(9): 2996-3004.

[159] 杜洋. 基于水资源承载力的延河流域乡村生态空间网络构建研究[D]. 西安: 长安大学, 2021.

[160] 杨航, 侯景伟, 马彩虹, 等. 黄河上游生态脆弱区复合生态系统韧性时空分异——以宁夏为例[J]. 干旱区研究, 2023, 40(2): 303-312.

[161] 李陇堂, 赵小勇. 影响宁夏城市(镇)形成和分布的地貌因素[J]. 宁夏大学学报(自然科学版),1999, (2): 76-79.

[162] 郑雪慧, 杨志, 任正龑, 等. 基于 GIS 的宁夏土壤侵蚀敏感性与景观生态风险评价[J]. 水土保持研究, 2022, 29(6): 8-13.

[163] 袁倩颖. 宁夏植被覆盖变化对水热因子与人类活动的响应[D]. 银川: 宁夏大学, 2021.

[164] 袁倩颖, 马彩虹, 文琦, 等. 六盘山贫困区生长季植被覆盖变化及其对水热条件的响应[J]. 国土资源遥感, 2021, 33(2): 220-227.

[165] 文琦, 施琳娜, 马彩虹, 等. 黄土高原村域多维贫困空间异质性研究——以宁夏彭阳县为例[J]. 地理学报, 2018, 73(10): 1850-1864.

[166] 刘海涛, 徐晓风. 中国特色社会主义生态文明思想的理论形成与时代价值[J]. 理论探讨, 2023, (2): 119-124.

[167] 刘荣国, 牛清河, 刘俊江. 宁夏中卫沙坡头国家级自然保护区第三期综合科学考察报告[M]. 银川: 阳光出版

社, 2020.

[168] 宋超. 荒漠生态系统类型自然保护区防风固沙效益和生态保护补偿研究[D]. 北京: 北京林业大学, 2021.

[169] 石慧书, 刘惠芬, 何兴东. 宁夏哈巴湖国家级自然保护区社区共管模式探索与实践[J]. 天津农学院学报, 2021, 28(1): 78-82.

[170] 田仲华. 南华山国家级自然保护区野生动物资源保护问题探讨[J]. 现代农村科技, 2020, (7): 103-104.

[171] 刘彦, 王燕斌, 赵红雪, 等. 宁夏沙湖水质评价及水污染特征[J]. 湿地科学, 2020, 18(3): 362-367.

[172] 爱丽丝(Ekoko Wetshokonda Alice). 青铜峡库区湿地自然保护区中心湖大型底栖无脊椎动物多样性及水质生物评价[D]. 哈尔滨: 东北林业大学, 2022.

[173] 贺泽帅, 张大治, 杨贵军, 等. 宁夏西吉县党家岔湿地自然保护区鸟类群落结构及区系特征[C]//中国生态学学会动物生态专业委员会, 中国动物学会兽类学分会, 中国野生动物保护协会科技委员会, 国际动物学会, 四川省动物学会. 第十三届全国野生动物生态与资源保护学术研讨会暨第六届中国西部动物学学术研讨会论文摘要集, 2017.

[174] Grainger A. National land use morphology: Patterns and possibilities[J]. Geography, 1995, 80(3): 235-245.

[175] 龙花楼, 戈大专, 王介勇. 土地利用转型与乡村转型发展耦合研究进展及展望[J]. 地理学报, 2019, 74(12): 2547-2559.

[176] 马彩虹, 安斯文, 文琦, 等. 基于土地利用转移流的国土空间格局演变及其驱动机制研究——以宁夏原州区为例[J]. 干旱区地理, 2022, 45(3): 925-934.

[177] 安斯文, 马彩虹, 袁倩颖, 等. 生态移民区"三生"用地变化对生态系统服务的影响——以宁夏红寺堡区为例[J]. 干旱区地理, 2021, 44(6): 1836-1846.

[178] 宋永永, 薛东前, 夏四友, 等. 近40a黄河流域国土空间格局变化特征与形成机理[J]. 地理研究, 2021, 40(5): 1445-1463.

[179] 杨清可, 段学军, 王磊, 等. 基于"三生空间"的土地利用转型与生态环境效应——以长江三角洲核心区为例[J]. 地理科学, 2018, 38(1): 97-106.

[180] 马彩虹, 任志远, 李小燕. 黄土台塬区土地利用转移流及空间集聚特征分析[J]. 地理学报, 2013, 68(2): 257-267.

[181] 史培军, 陈晋, 潘耀忠. 深圳市土地利用变化机制分析[J]. 地理学报, 2000, 55(2): 151-160.

[182] 赵锐锋, 王福红, 张丽华, 等. 黑河中游地区耕地景观演变及社会经济驱动力分析[J]. 地理科学, 2017, 37(6): 920-928.

[183] 李亚丽, 杨粉莉, 杨联安, 等. 近40a榆林市土地利用空间格局变化及影响因素分析[J]. 干旱区地理, 2021, 44(4): 1011-1021.

[184] Wallis J R, Matalas N C. Small sample properties of H and K—Estimators of the Hurst coefficient h[J]. Water Resources Research, 1970, 6(6): 1583-1594.

[185] 易浪, 任志远, 张翀, 等. 黄土高原植被覆盖变化与气候和人类活动的关系[J]. 资源科学, 2014, 36(1): 166-174.

[186] Evans J, Geerken R. Discrimination between climate and human-induced dryland degradation[J]. Journal of Arid Environments, 2004, 57(4): 535-554.

[187] 张建国, 李晶晶, 殷宝库, 等. 基于转移矩阵的准格尔旗土地利用变化分析[J]. 水土保持通报, 2018, 38(1): 131-134.

[188] 马彩虹. 陕西黄土台塬区土地生态风险时空差异性评价[J]. 水土保持研究, 2014, 21(5): 216-220.

[189] 谢高地, 张彩霞, 张昌顺, 等. 中国生态系统服务的价值[J]. 资源科学, 2015, 37(9): 1740-1746.

[190] Costanza R, d'Arge R, de Groot R, et al. The value of the world's ecosystem services and natural capital[J]. Nature,

1987, 387: 253-260.

[191] 荣月静, 郭新亚, 杜世勋, 等. 基于生态系统服务功能及生态敏感性与 PSR 模型的生态承载力空间分析[J]. 水土保持研究, 2019, 26(1): 323-329.

[192] 蒙吉军, 王祺, 李枫, 等. 基于空间差异的黑河中游土地多功能利用研究[J]. 地理研究, 2019, 38(2): 369-382.

[193] 贺三维, 王伟武, 曾晨, 等. 中国区域发展时空格局变化分析及其预测[J]. 地理科学, 2016, 36(11): 1622-1628.

[194] 樊涵, 杨朝辉, 王丞, 等. 贵州省自然保护地时空演变特征及影响因素[J]. 应用生态学报, 2021, 32(3): 1005-1014.

[195] 荣月静, 严岩, 赵春黎, 等. 基于生态系统服务供需的景感尺度特征分析和应用[J]. 生态学报, 2020, 40(22): 8034-8043.

[196] 滑雨琪, 马彩虹, 安斯文, 等. 固原市原州区 2000—2018 年"三生"用地及生态系统服务变化[J]. 水土保持通报, 2021, 41(6): 295-302, 376.

[197] 吴昌广, 周志翔, 王鹏程, 等. 景观连接度的概念、度量及其应用[J]. 生态学报, 2010, 30(7): 1903-1910.

[198] 曹珍秀, 孙月, 谢跟踪, 等. 海口市海岸带生态网络演变趋势[J]. 生态学报, 2020, 40(3): 1044-1054.

[199] 李旭芳, 翁飞帆, 陈榕榕, 等. 基于 MSPA 与 MCR 模型的生态网络构建——以新乡市为例[J]. 河南科技学院学报(自然科学版), 2022, 50(1): 45-54.

[200] Yang Z H, Ma C H, Liu Y Y, et al. Provincial-scale research on the eco-security structure in the form of an ecological network of the Upper Yellow River: A case study of the Ningxia Hui Autonomous Region[J]. Land, 2023, 12(7): 1341.

[201] 姚采云, 安睿, 窦超, 等. 基于 MSPA 与 MCR 模型的三峡库区林地生态网络构建与评价研究[J]. 长江流域资源与环境, 2022, 31(9): 1953-1962.

[202] 于强, 刘智丽, 岳德鹏, 等. 磴口县生态网络多情景模拟研究[J]. 农业机械学报, 2018, 49(2): 182-190.

[203] 刘园园, 马彩虹, 滑雨琪, 等. 基于 MSPA_P-MCR_F 的干旱区层级生态网络构建与优化——以宁夏中卫市为例[J]. 自然资源遥感, 2024, 36(1): 67-76.

附　录　A

附表 A-1　宁夏生态源地组团信息表

源地编号	源地名称	生态组团	源地编号	源地名称	生态组团	源地编号	源地名称	生态组团
0	六盘山国家级自然保护区	V	15	无	V	30	沙湖	I
1	六盘山自治区级自然保护区	V	16	无	V	31	无	I
2	无	V	17	无	V	32	无	I
3	云雾山国家级自然保护区	V	18	无	IV	33	阅海国家湿地公园	I
4	无	V	19	无	V	34	无	V
5	无	V	20	无	V	35	无	III
6	无	V	21	无	V	36	香山寺国家草原自然公园	III
7	无	V	22	无	V	37	无	III
8	火石寨国家级自然保护区	V	23	哈巴湖国家级自然保护区	II	38	天湖国家湿地公园	III
9	南华山国家级自然保护区	V	24	哈巴湖国家级自然保护区	II	39	无	III
10	震湖湿地保护区	V	25	罗山国家级自然保护区	IV	40	无	III
11	无	V	26	贺兰山国家级自然保护区	I	41	白芨滩国家级自然保护区	II
12	无	V	27	无	IV	42	无	I
13	无	V	28	无	I	43	青铜峡库区湿地自然保护区	III
14	无	V	29	无	I	44	沙坡头国家级自然保护区	III

注：I～V 为生态组团类型；I 为林湖型生态组团；II 为荒漠林草湖型生态组团；III 为荒漠湖草型生态组团；IV 为林草型生态组团；V 为大六盘林草湖型生态组团。

附表 A-2　银川市中心城区生态源地景观连通性指数

排序	编号	dPC	dIIC	排序	编号	dPC	dIIC
1	48	77.6111	75.0345	32	37	0.9204	0.8095
2	49	19.6516	9.4677	33	41	0.8741	0.8564
3	54	14.0597	8.8675	34	61	0.7786	0.6123
4	60	10.4390	7.3529	35	13	0.6927	0.4624
5	50	9.8526	6.4820	36	46	0.5686	0.4525
6	38	9.6561	10.6389	37	2	0.5234	0.6215
7	40	8.7339	9.6974	38	15	0.5207	0.5216
8	55	5.2253	3.2430	39	14	0.4916	0.4428
9	59	5.0785	6.0223	40	44	0.4806	0.4100
10	16	4.5030	4.9694	41	5	0.4624	0.3925
11	39	3.8417	2.1778	42	19	0.4583	0.5654
12	58	3.1539	2.9869	43	18	0.4104	0.4659
13	57	3.0356	1.6475	44	12	0.3976	0.4690
14	53	2.8823	2.7723	45	30	0.3819	0.4357
15	56	2.8037	2.6360	46	17	0.2896	0.3986
16	27	2.6010	2.1110	47	24	0.2792	0.2889
17	6	2.3841	0.9756	48	3	0.2663	0.2614
18	7	1.7459	1.1512	49	42	0.2584	0.3063
19	35	1.6370	1.1768	50	22	0.2426	0.2842
20	36	1.5659	1.4995	51	20	0.2241	0.3303
21	51	1.4832	1.5729	52	26	0.1177	0.1362
22	11	1.4578	0.9277	53	25	0.0713	0.1209
23	29	1.3679	1.5733	54	1	0.0515	0.0508
24	9	1.3244	1.0233	55	4	0.0480	0.0542
25	33	1.2925	1.4560	56	52	0.0298	0.0401
26	45	1.2573	1.2744	57	34	0.0197	0.0265
27	31	1.1019	1.0864	58	32	0.0191	0.0257
28	8	1.0983	0.7281	59	43	0.0144	0.0194
29	28	1.0667	1.2507	60	21	0.0102	0.0137
30	62	0.9994	0.7588	61	47	0.0095	0.0127
31	10	0.9224	0.6538	62	23	0.0020	0.0027

附表 A-3 宁夏重要湿地名录

序号	湿地名称	政域	面积/hm²		湿地类型	保护方式	保护管理机构	设立时间	批次
			总面积	湿地面积					
湿地类型自然保护区(4个)									
1	宁夏哈巴湖国家级自然保护区	盐池县	87988.38	10734.60	沼泽湿地 湖泊湿地	国家级自然保护区	宁夏哈巴湖国家级自然保护区管理局	2006年	第一批
2	青铜峡库区湿地自然保护区	青铜峡市中宁县	19698.53	9572	河流湿地 湖泊湿地 沼泽湿地 人工湿地	自治区级自然保护区	青铜峡库区湿地保护建设管理局	2002年	第一批
3	宁夏沙湖自然保护区	平罗县	4373.76	3151.78	湖泊湿地 沼泽湿地 库塘湿地	自治区级自然保护区	宁夏沙湖自然保护区管理处	2018年	第一批
4	宁夏西吉县党家岔湿地保护区	西吉县	4507.77	235	湖泊湿地	自治区级自然保护区	西吉火石寨国家级地质森林公园管理处	2002年	第一批
国家级湿地公园(14个)									
1	宁夏银川国家湿地公园鸣翠湖园区	兴庆区	598	598	湖泊湿地 沼泽湿地 人工湿地	国家级湿地公园	银川鸣翠湖生态旅游开发有限公司	2006年	第一批
2	宁夏银川国家湿地公园阅海园区	银川市	1669.45	1295.73	湖泊湿地 人工湿地	国家级湿地公园	宁夏阅海实业集团有限公司	2006年	第一批
3	宁夏黄沙古渡国家湿地公园	兴庆区	3244	2265.68	河流湿地 沼泽湿地	国家级湿地公园	宁夏黄沙古渡生态建设有限公司	2009年	第一批
4	宁夏黄河外滩国家级湿地公园	银川市滨河新区	1190	1050.7	河流湿地	国家级湿地公园	银川滨河新区文化旅游投资有限公司	2016年	第一批
5	宁夏鹤泉湖国家湿地公园	永宁县	223.06	180.9	湖泊湿地 沼泽湿地 人工湿地	国家级湿地公园	宁夏鹤泉湖湿地生态建设有限公司	2012年	第一批
6	宁夏石嘴山星海湖国家湿地公园	石嘴山市	4800.92	1851.83	湖泊湿地	国家级湿地公园	石嘴山市自然资源局	2008年	第一批
7	宁夏简泉湖国家湿地公园	惠农区	900	623.20	湖泊湿地 沼泽湿地 人工湿地	国家级湿地公园	简泉湖湿地管理站	2013年	第一批
8	宁夏镇朔湖国家湿地公园	石嘴山市	1600.76	1600.76	湖泊湿地	国家级湿地公园	宁夏农垦镇朔湖管委会	2013年	第一批
9	宁夏平罗天河湾国家湿地公园	平罗县	3900	1603	河流湿地 沼泽湿地 人工湿地	国家级湿地公园	平罗县黄河湿地保护林场	2013年	第一批

序号	湿地名称	政域	面积/hm²		湿地类型	保护方式	保护管理机构	设立时间	批次
			总面积	湿地面积					
10	宁夏吴忠黄河国家湿地公园	吴忠市	2876.00	2876.00	河流湿地湖泊湿地	国家级湿地公园	吴忠市湿地保护管理中心	2009 年	第一批
11	宁夏太阳山国家湿地公园	太阳山开发区	2447.5	1492.7	河流湿地湖泊湿地沼泽湿地人工湿地	国家级湿地公园	宁夏太阳山国家湿地公园管理中心	2012 年	第一批
12	宁夏固原清水河国家湿地公园	原州区	726	431.36	河流湿地人工湿地	国家级湿地公园	宁夏固原清水河国家湿地公园管理站	2011 年	第一批
13	宁夏天湖国家湿地公园	中宁县	1790.8	1649.4	河流湿地湖泊湿地沼泽湿地	国家级湿地公园	宁夏天湖国家湿地公园湿地管理中心	2010 年	第一批
14	宁夏中卫香山湖国家湿地公园	沙坡头区	564.00	431.80	河流湿地湖泊湿地沼泽湿地	国家级湿地公园	中卫市自然资源局	2015 年	第一批

自治区级湿地公园(9 个)

序号	湿地名称	政域	面积/hm²		湿地类型	保护方式	保护管理机构	设立时间	批次
			总面积	湿地面积					
1	宁夏灵武市梧桐湖湿地公园	灵武市	255.34	119.48	湖泊湿地沼泽湿地人工湿地	自治区级湿地公园	灵武市北沙窝林场	2012 年	第一批
2	宁夏贺兰县清水湖湿地公园	贺兰县	151.02	151.02	湖泊湿地沼泽湿地	自治区级湿地公园	贺工县自然资源局	2013 年	第一批
3	宁夏贺兰县滨河湿地公园	贺兰县	922.88	922.88	河流湿地沼泽湿地人工湿地	自治区级湿地公园	贺兰县自然资源局	2013 年	第一批
4	宁夏暖泉湖湿地公园	贺兰县	633	633	河流湿地人工湿地	自治区级湿地公园	宁夏国营暖泉农场	2012 年	第一批
5	宁夏永宁珍珠湖湿地公园	永宁县	207.73	137.47	湖泊湿地	自治区级湿地公园	永宁县自然资源局	2012 年	第一批
6	宁夏石嘴山滨河湿地公园	惠农区	1614.80	1114.5	河流湿地	自治区级湿地公园	惠农区黄河湿地保护林场	2014 年	第一批
7	宁夏泾源县颉河湿地公园	泾源县	238.57	142.36	河流湿地沼泽湿地	自治区级湿地公园	泾源县自然资源局	2016 年	第一批
8	宁夏泾源县卧龙湖湿地公园	泾源县	33.50	9.76	河流湿地沼泽湿地	自治区级湿地公园	泾源县自然资源局	2015 年	第一批
9	宁夏中卫腾格里湖湿地公园	沙坡头区	1010.9	627.16	湖泊湿地沼泽湿地人工湿地	自治区级湿地公园	中卫市自然资源局	2013 年	第一批

续表

序号	湿地名称	政域	面积/hm²		湿地类型	保护方式	保护管理机构	设立时间	批次
			总面积	湿地面积					
国家城市湿地公园(1 处)									
1	银川市金凤区宝湖国家城市湿地公园	金凤区	78.3	39.12	湖泊湿地	国家城市湿地公园	银川市金凤区自然资源局	2013 年	第一批
重要湿地(11 个)									
1	宁夏宁东海子井自治区重要湿地	灵武市盐池县	1611.8	577.5	湖泊湿地沼泽湿地	自治区级湿地公园	国家能源集团宁夏煤业有限责任公司	2020 年	第二批
2	宁夏惠农迎河湾自治区重要湿地	惠农区	530.53	456.04	河流湿地人工湿地	自治区级湿地公园	礼和乡人民政府	2020 年	第二批
3	宁夏银川市兴庆区黄河河滩自治区重要湿地	兴庆区	916.52	915.68	河流湿地人工湿地	无	银川湿地保护管理办公室	2020 年	第二批
4	宁夏吴忠市红寺堡区小甜水河自治区重要湿地	红寺堡区	456.3	211.26	河流湿地沼泽湿地	无	红寺堡区自然资源局	2021 年	第三批
5	宁夏吴忠市同心县清水河豫海湖自治区重要湿地	同心县	476.92	476.92	河流湿地人工湿地	无	同心县自然资源局	2021 年	第三批
6	宁夏吴忠市利通区渔光湖自治区重要湿地	利通区	158.6	158.6	人工湿地	无	利通区自然资源局	2022 年	第四批
7	宁夏吴忠市利通区中营堡湖自治区重要湿地	利通区	27.84	27.2	沼泽湿地	无	利通区自然资源局	2022 年	第四批
8	宁夏固原市原州区冬至河自治区重要湿地	原州区	330.6	330.6	河流湿地人工湿地	无	原州区自然资源局	2022 年	第四批
9	宁夏固原市隆德县渝河自治区重要湿地	隆德县	305.54	305.54	河流湿地湖泊湿地沼泽湿地人工湿地	无	隆德县自然资源局	2022 年	第四批
10	宁夏固原市彭阳县茹河自治区重要湿地	彭阳县	39.2	39.2	河流湿地人工湿地	无	彭阳县自然资源局	2022 年	第四批
11	宁夏中卫市海原县石峡口自治区重要湿地	海原县	570.1	570.1	沼泽湿地人工湿地	无	海原县自然资源局	2022 年	第四批

附表 A-4　银川平原河湖湿地生态源地间相互作用矩阵

编号	1	2	3	4	5	6	7	8	9	10	11	12	13	14	15	16	17	18	19	20	21	22	23
1		189.5	45.4	221.0	269.6	53.1	18.3	10.5	146.1	3641.5	2833.1	104.6	19.7	18.2	300.2	37.8	8.5	61.1	25.0	47.6	46.0	9.2	7.2
2			196.7	977.6	1204.9	262.8	41.7	21.0	45.5	158.0	250.0	2263.8	47.8	36.8	60.6	105.8	18.5	192.2	71.2	217.5	224.3	15.1	11.3
3				91.7	109.6	166.6	49.6	29.4	19.6	41.4	50.4	126.8	52.6	76.1	23.3	323.7	50.0	262.8	70.5	1642.2	4675.3	25.8	17.6
4					476.2	146.2	31.5	16.6	66.9	368.5	243.9	562.6	35.3	24.6	82.4	57.4	12.7	87.0	49.7	95.4	97.2	11.4	8.8
5						121.8	29.3	15.7	49.9	165.5	417.5	392.9	32.5	34.4	72.9	98.1	14.0	233.2	44.7	146.1	117.8	14.4	10.8
6							91.5	0.0	30.8	56.3	59.8	511.4	117.9	32.2	27.1	88.6	16.6	122.0	243.3	173.2	182.3	13.7	10.9
7								0.0	14.9	19.5	19.2	48.3	3280.6	35.6	13.6	25.0	69.9	25.3	182.4	34.1	38.4	38.5	26.6
8									8.7	11.0	10.8	22.9	223.5	50.5	8.1	22.7	64.5	14.5	58.0	21.0	23.2	56.5	35.9
9										138.0	94.8	36.0	15.8	9.6	1481.0	16.1	4.9	21.4	19.6	19.0	19.1	5.6	4.7
10											785.8	115.0	21.1	15.3	280.9	30.2	7.9	46.1	27.3	41.3	41.8	8.0	6.4
11												128.3	20.7	20.3	168.7	45.5	8.8	79.5	26.8	59.4	51.5	9.7	7.6
12													57.3	27.9	42.2	73.2	14.2	122.2	92.7	136.3	139.7	12.1	9.1
13														27.4	14.4	27.3	53.0	28.2	280.4	38.4	40.3	29.3	21.0
14															11.3	193.7	41.8	66.4	19.8	88.9	70.9	92.3	45.5
15																20.0	5.5	27.8	17.6	23.5	22.9	6.4	5.2
16																	22.0	428.6	44.1	869.4	467.3	35.1	22.3
17																		18.7	21.3	31.3	36.6	37.0	20.2
18																			43.2	587.1	365.2	20.2	14.0
19																				70.2	72.6	16.4	12.7
20																					5408.5	23.9	16.2
21																						21.1	14.6
22																							413.4

注：表中数据表示生态源地间生态廊道相互作用大小，数值越大，表示生态廊道重要性越大。

彩 图

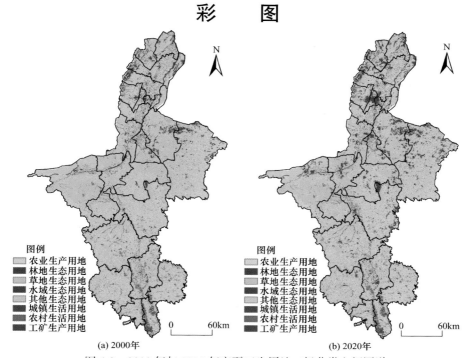

图 4-3 2000 年与 2020 年宁夏三生用地二级分类空间图谱

(a) 2000年   (b) 2020年

图例
- 农业生产用地
- 林地生态用地
- 草地生态用地
- 水域生态用地
- 其他生态用地
- 城镇生活用地
- 农村生活用地
- 工矿生产用地

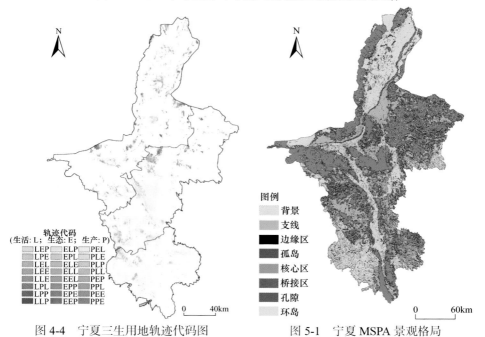

图 4-4 宁夏三生用地轨迹代码图   图 5-1 宁夏 MSPA 景观格局

轨迹代码
(生活: L；生态: E；生产: P)

LEP	ELP	PEL
LPE	EPL	PLE
LEL	ELE	PLP
LEE	ELL	PLL
LLE	EEL	PEP
LPL	EPP	PPL
LPP	EPE	PEE
LLP	EEP	PPE

图例
- 背景
- 支线
- 边缘区
- 孤岛
- 核心区
- 桥接区
- 孔隙
- 环岛

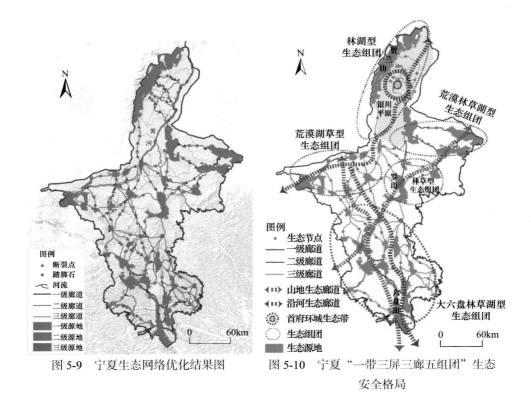

图 5-9　宁夏生态网络优化结果图

图 5-10　宁夏"一带三屏三廊五组团"生态
安全格局

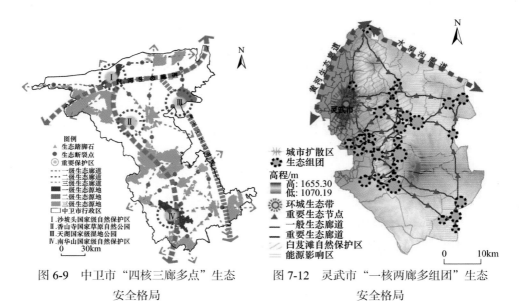

图 6-9　中卫市"四核三廊多点"生态
安全格局

图 7-12　灵武市"一核两廊多组团"生态
安全格局

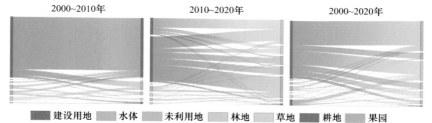

图 8-2 2000~2020 年银川中心城区土地利用转移流桑基图

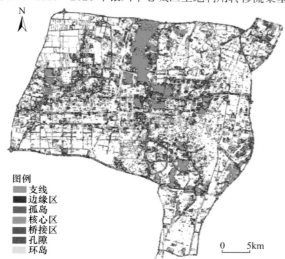

图 8-5 银川市中心城区 MSPA 景观图

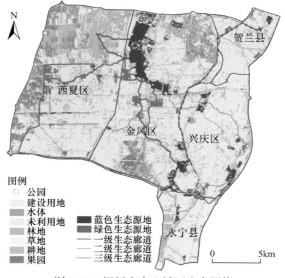

图 8-13 银川市中心城区生态网络

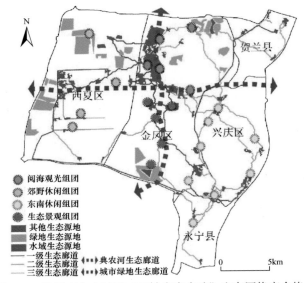

图 8-15 银川市中心城区"两轴多廊多珠"生态网络安全格局

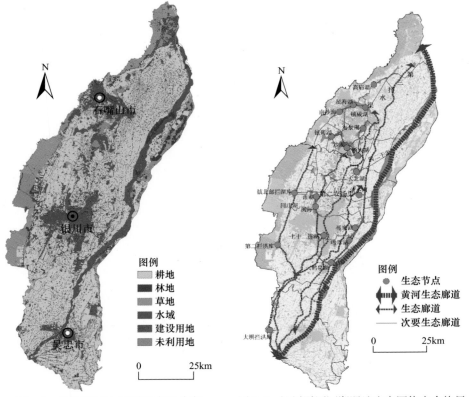

图 9-2 银川平原土地利用类型分布   图 9-7 银川平原河湖湿地生态网络安全格局